KB243038

노르웨이
스웨덴
덴마크
런던
영국
벨기에
독일
프라하
체코
오스트리아
프랑스
스위스
피렌체
이탈리아
포르투갈
바르셀로나
스페인

핀란드
러시아
라트비아
리투아니아
폴란드
헝가리
아

공연을 보러 떠나는 유럽

공연 소개하는 여자 윤하정의
공연을 보러 떠나는 유럽

초판 1쇄 인쇄 2015년 3월 12일
초판 1쇄 발행 2015년 3월 19일

글·사진 윤하정

펴낸이 김찬희
펴낸곳 끌리는책

출판등록 신고번호 제25100-2011-000073호
주소 서울시 구로구 오류동 109-1 재도빌딩 206호
전화 영업부 (02)335-6936 편집부 (02)2060-5821
팩스 (02)335-0550
이메일 happybookpub@gmail.com

ISBN 978-89-90856-70-8 14980
　　　　978-89-90856-73-9 (세트)
값 10,000원

공연 소개하는 여자 윤하정의

공연을
보러 떠나는
유럽

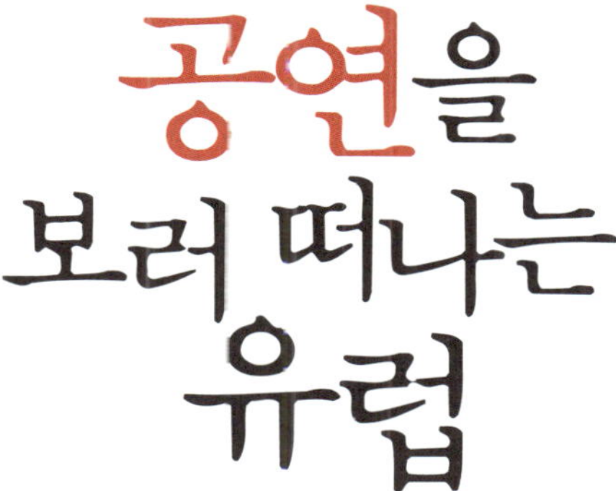

글·사진 윤하정

런던·프라하·빈·바르셀로나·피렌체

우리가 예술이라 부르는 문학과 미술, 음악은 긴밀하게 연결돼 있다. 이들은 또다시 연극과 오페라, 발레, 뮤지컬 등 수많은 공연예술로 파생돼 무대를 가득 채운다. 예를 들어 푸슈킨의 '예브게니 오네긴'은 차이콥스키의 음악을 만나 오페라로, 존 크랑코의 안무를 통해 발레로 태어나 전혀 다른 감동을 주지 않던가.

인간관계도 좁고 입도 짧은 내가 유일하게 방대한 오지랖을 자랑하는 것이 있다면 예술, 아니 이 말은 너무 거창하고, 그냥 '사람이 사랑하고 살아가는 이야기에 대한 관심'이 아닐까 한다. 이 관심은 가히 시대와 장르를 가리지 않았으니 유럽에서 나는 꽤나 바빴다. 그간 내 마음을 움직인 그 사연 속의 인물을 만나느라, 그 사연의 배경이 된 현장을 찾아가느라 공연장으로, 미술관으로, 때로는 도시 전체를 누벼야 했다. 영국 출신 셰익스피어의 《로미오와 줄리엣》은 프랑스에서 오페라와 뮤지컬로도 만들어졌는데, 파리에서 뮤지컬을 보는 것은 물론이고 작품의 배경이 된 이탈리아 베로나까지 찾아가보고 싶었던 것이다. 뿐만 아니라 공연예술의 종합판인 각종 축제를 쫓아다니느라 유럽여행을 할 때면 응당 구매하는 유레일패스 따위는 구경도 못한 채 영국에서 스위스로, 스페인에서 러시아로, 노르웨이에서 크로아티아로 경제적이지도, 효율적이지도 못한 동선을 고집해야만 했다.

그래서 책을 쓸 때도 일정한 순서를 잡기가 쉽지 않았다. 서유럽에서 동유럽으로, 북유럽에서 지중해로 이동한 것도 아니고, 몇 년에 걸쳐 여러 번 찾아간 곳도 있기 때문이다. 고심하던 끝에 마음으로부터의 접근성, 친숙함을 기준으로 책을 나눠보았다.

《공연을 보러 떠나는 유럽》은 유럽여행하면 쉽게 떠올리는 곳, 도시 전체가 복합문화공간처럼 즐길 거리가 넘쳐나는 곳이다.《축제를 즐기러 떠나는 유럽》에서는 조금은 낯선 이름만큼 찾아가기도 번거롭지만 '사랑하고 살아가는 것'에 더욱 집중할 수 있는 곳을 소개했다. 마지막으로《예술이 좋아 떠나는 유럽》에서 찾아간 곳은 여타 여행서에도 많이 소개되지 않은 도시들이다. 아직은 생소한 그곳에서 자기만의 특별한 그림을 그려봤으면 좋겠다.

여행은 스스로에게 줄 수 있는 가장 큰 선물이라고 생각한다. 그러니 패키지를 어떻게 구성할지도 순전히 자기 몫이다. 나는 마음을 나누고 소통하는 것에 집중했다. 그동안 무대에서, 책에서, 음악에서, 그림에서 만났던 수많은 인물들을 찾아가 대화를 나눴고, 서로를 다독였고 위로했다. 철저히 혼자였지만, 신기하게도 수많은 나와 마주할 수 있었다. 나와 같은 패키지를 구성하고 싶다면 이 책이 작은 힌트가 되길 바란다.

　유럽행 비행기에 올랐을 때 나는 서른여섯 살이었다. 더 이상 미루면 정말이지 '이룰 수 없는 꿈'이 될까 봐 결단을 내렸지만, 현실을 뒤로하고 떠난 여행길이 마냥 신나지만은 않았다. 까다롭기로 둘째가라면 서러운 내가 타국 생활을 잘 버틸 수 있을지, 지도마저 제대로 보지 못하면서 유럽의 수많은 나라를 찾아갈 수나 있을지……. 여행에 대한 두려움은 물론 벌써부터 한국에 돌아가서는 어떻게 살아갈지까지 걱정하느라 비행기에 앉아 있는 이유마저 잊힐 정도였다. 그런데 영국에 도착하니 그들의 셈으로 내 나이는 갑자기 서른네 살이 되었다. 아주 묘한 기분이었다. 인생에서 2년이라는 시간을 되돌릴 수 있다면 어떨까?

　'20대로 돌아갈 수 있다면……'이라는 생각을 많이 했다. 나의 20대가 너무나 아쉬웠기 때문이다. 웬일인지 남들이 앞을 보며 달릴 때 나는 제자리를 고수했다. 나는 시간을 때우기 위해 책을 읽었고, 음악을 들었고, 그림을 보았다. 지금 생각해보면 그것은 세상과 나를 연결하는 유일한 통로였다. 공연을 향한 외사랑도 그렇게 시작됐다. 무대에 있는 그들이, 세상에 누군가 한 사람은 내 마음을 알아주는 것 같아 그곳에서 목 놓아 울고 웃었다. 콘서트에서 뮤지컬, 연극, 오페라까지 장르 불문, 각지에 분

포된 공연장을 찾아다니며 작품을 보려니 척추와 경추에 무리가 따랐지만 급기야 공연에 대한 관심은 국내를 벗어나 퍼포먼스의 본고장인 유럽으로 향했고, 해마다 음악축제를 보러 유럽을 날아다니다 보니 어느덧 20대에는 없었던 '유럽 공연여행'이라는 꿈이 생겼다. 그 새로운 꿈 덕분에 나는 제자리를 벗어나 다시 걷기 시작한 것이다.

한 발을 땅에 붙이고 사는 현실형 이상주의자이지만 한 번은 두 발을 떼고 하늘을 날아봐야지, 머뭇거리다 아이 셋을 낳고 영원히 나무꾼의 아내로 살게 된다면 다른 곳에 있는 생을 그리워하다 타들어갈 것만 같았다. 그래서 나무꾼처럼 제법 든든했던 기자라는 타이틀을 뒤로하고 '도저히 어쩔 수 없음'이라는 선녀복을 착용하고 걱정과 부러움을 발판 삼아 하늘로 뛰어올랐다. 붙잡는 부夫자식도 없어서인지 순풍에 돛단 듯 유럽의 구석구석을 내달렸고, 꼬박 17개월 동안 가고 싶은 곳에 가고, 하고 싶은 것을 해보았다. 왜 아니겠는가. 20대로 돌아갈 수는 없었지만 2년이라는 시간을 벌지 않았던가. 현실에 붙어 있던 한 발마저 떼고 신나게 하늘을 달린 것이다. 그런데 그 신세계가 더욱 황홀했던 것은 이미 내 안에 수많은 이야기가 있었기 때문일 것이다. 사랑과 이별, 환희와 좌절, 기쁨과 슬픔, 이해와 분노, 그리고 아픔과 상처. 그 많은 수용체가 있었기에 유럽에서 만난 그 모든 순간은 감동이고 위로였다.

Contents

꾀를 부려보다
_바르셀로나 94

책 속을 거닐다
_피렌체 120

공연 소개

NAUTICALIA
WORKSHOP
Café Chutney
London 2012
Inspire a generation

London
Venchi
Venchi
frozen yog
GALLERY ON

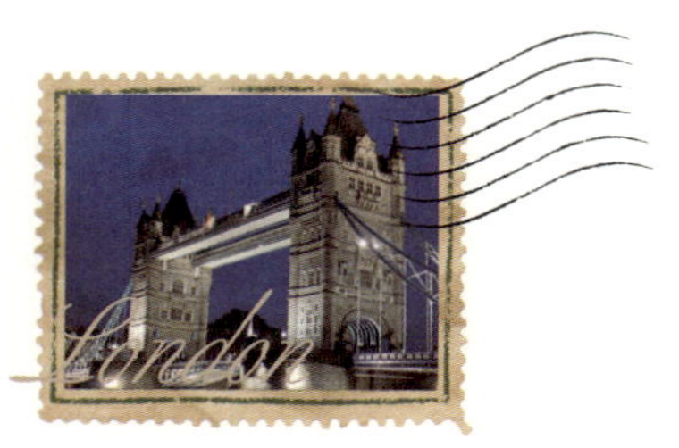

순간마저
즐기다

● 런던 ●

그런 느낌을 알까? 어쩌다 알게 된 사람인데 '아, 이 남자를 따로 만나면 특별한 사이가 되겠구나' 싶은, 그래서 끌리는 마음과 달리 애써 외면하게 되는. 내게는 런던이 딱 그런 도시였다. 런던에 가면 왠지 일을 저지를 것 같아서 여러 차례의 유럽 여행 중에도 미루고 미루던 도시. 그러다 마침내 런던에 갔을 때 마음을 굳혔고, 1년 뒤에는 사표를 내고 런던에 살러 왔으니 큰일을 내긴 낸 셈이다.

세인트 제임스 파크 벤치에 앉아 있다. 화살처럼 또 다른 1년이 지나

이제 며칠 뒤면 런던을 떠나야 한다. 봄이 오려나? 공원은 푸르고, 백조와 흑조, 오리, 거위, 다람쥐, 청설모 등 이름도 알 수 없는 수많은 동식물들이 내 주위를 감싸고 있다 아무 생각 없이 1년을 즐기기에는 서른다섯이라는 나이가 주는 무게가 꽤나 무거웠지만 나는 감히 정말 행복했다고 말하련다. 끝을 알고 사귄 연인이었고, 그래서 그 끝이 다가오지만 후회 없는 만남처럼 하루하루 다음껏 런던을 사랑했으니까. 비가 잦은 도시, 안개가 끼고 기압까지 낮아 조금은 음울한 도시, 하지만 수천 개의 즐길 거리가 있어 잠시도 지루할 틈이 없는 도시. 그곳이 바로 런던이다.

오필리아와 같은 동네에 살아요

처음 런던에 왔을 때 나는 남들이 다 가는 테이트 모던^{국립현대미술관}에 가지 않고 테이트 브리튼 터너 등 17세기 이후 영국 회화를 중점적으로 소장한 갤러리 을 찾았다. 존 에버렛 밀레이의 〈오필리아〉를 보고 싶었기 때문이다. 햄릿의 연인 오필리아. 햄릿을 꿈처럼 믿고 사랑했으나 그가 자신의 아버지를 죽이자 정신을 놓고 강에 뛰어든 비운의 여인. 화폭에 담긴 오필리아의 죽음은 수많은 꽃에 둘러싸여 아이러니하게도 무척 아름답다. 하지만 물 위에 떠 있는 오필리아의 망연자실한 표정이 너무도 생생해서 나는 미술관을 나와서도 한참을 텍스 강변에 앉아 있어야 했다. 그녀가 알고 있던 연인은 어디로 사라져버린 것일까……. 오필리아는 햄릿이 아버지를 살해한 사실보다 그런 햄릿을 이해할 수 없게 된 것이 더 절망스

러웠을 것이다.

정확히 1년 뒤, 나는 오필리아와 같은 동네에 살고 있다. 런던으로 오기 전에 거주지에 대한 이런저런 정보를 들었지만 이 동네에 끌리는 마음은 확고했다. 템스 강을 내다보고 있는 크림색의 음전한 테이트 브리튼이 좋았고, 고급 호텔과 깔끔한 레스토랑, 카페, 은행, 그리고 작은 공원과 정돈된 공동주택들이 가지런히 자리 잡은 반듯한 거리도 좋았다. 무엇보다 언제든 오필리아를 찾아가 그녀의 아픈 마음을 내가 알고 있다고 얘기해줄 수 있어 좋았다(그런데 그녀는 종종 긴 여행을 떠났다. 뉴욕으로, 오사카로). 버킹엄 궁과 국회의사당이 인접한, 어쩌면 영국이 보여주고 싶어 하는 가장 영국적인 그림 안에 살고 있는지도 모른다. 그래서일까, 집 앞에서 빨간 이층버스를 타면 날마다 시티투어 버스를 타는 기분이다.

시티투어 코스를 통학 코스로 만들다

나는 옥스퍼드 거리에 있는 어학원에 다녔는데, 집에서 학원까지는 그야말로 시티투어 코스다. 경로를 소개하자면 다음과 같다.

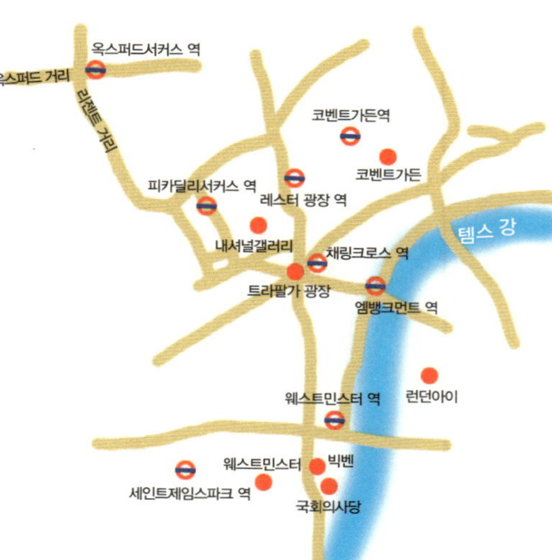

• •**웨스트민스터 사원:** 영국의 성공회 대성당으로, 왕실의 대관식이나 결혼식이 열리는 장소로 유명하다. 화려하고 정교하게 꾸며진 내부에는 역대 왕들은 물론이고 셰익스피어, 찰스 디킨스, 제인 오스틴, 뉴턴, 다윈, 헨델 등의 묘비와 기념비를 볼 수 있다. 사원은 13세기에서 16세기에 지어진 영국 건축물 가운데 최고 걸작으로 꼽히는데, 개인적으로는 파리의 노트르담 대성당과 남매 사이처럼 보인다. 고딕 양식의 섬세한 외관과 커다랗고 화려한 장미창까지 꼭 닮았다.

• •**국회의사당:** 템스 강변에 고풍스럽고 위풍당당한 모습으로 서 있다. 빅벤이라 불리는 시계탑으로 유명한데, 어스름이 깔리고 안개에 휩싸인 빅벤에서 시각을 알리는 종이 15분마다 '뎅' 하고 울리면 빅토리아 시대

영국 국회의사당

내셔널 갤러리

어디쯤으로 빨려 들어가는 기분이다. 템스 강에 황금 자태를 드리운 국회의사당의 야경은 강 건너편에서 꼭 챙겨봐야 한다.

• • **내셔널 갤러리** : 영국 정부청사가 있는 화이트 몰을 따라 달리면 런던의 중심인 트래팔가 광장이 나오고 그 끝에 서양 미술의 진수를 한자리에 모아둔 내셔널 갤러리가 있다. 반 에이크의 〈아르놀피니 부부의 초상〉, 홀바인의 〈대사들〉, 렘브란트의 〈자화상〉, 반 고흐의 〈해바라기〉, 모네의 〈수련〉 등 13세기에서 1900년까지 2천여 점의 주옥같은 유럽 회화들이 모여 있다.

• • **리젠트 거리** : 트래팔가 광장에서 왼쪽 길로 빠지면 먹고 마시고 살거리가 넘쳐나는 피커딜리 서커스에 도달한다. 그리고 거기서부터 순백

공연을 보러 떠나는 유럽

리젠트 거리

의 고풍스러운 건물이 두 줄로 평행을 이루며 둥글게 뻗어나가는데, 세
계 어디에서도 본 적 없는 이 웅장하고 장엄한 건물 사이를 빨간 이층버
스를 타고 통과하는 기분은 정말 근사하다. 크리스마스 시즌이면 야간
조명까지 불을 밝혀 눈물이 날 정도로 멋진 곳, 바로 고급 브랜드숍과 백
화점 등이 몰려 있는 리젠트 거리다. 또 다른 쇼핑 거리인 옥스퍼드 거리
로 가는 관문이다.

　런던 지리에 조금 익숙해진 뒤로는 걸어다녔다. 보통 걸음으로 편도
40분 거리지만, 남들은 일부러 찾아오는 길을 나는 등하굣길로 이용한다
는 뿌듯함을 안고 운동으로 승화했다. 걸어갈 때는 경로가 조금 다른데,

세인트 제임스 파크를 거쳐 차이나타운, 소호로 이동한다.

• • **세인트 제임스 파크:** 버킹엄 궁 앞에 자리하고 있는데, 궁전 정원이라고 할 수 있을 정도로 아름답게 꾸며진 곳이다. 한겨울에도 꽃이 피고 백조와 흑조가 우아하게 노니는가 하면 덕 아일랜드에서는 펠리컨도 볼 수 있다. 동물원에서나 볼 수 있는 온갖 조류와 청설모가 울타리 없이 자유롭게 돌아다니는 통에 아침마다 그곳을 지날 때면 자연스럽게 동물들과 인사를 나누게 된다. '굿모닝!' 사실 런던에서 만난 기대하지 않은 기쁨 가운데 하나가 바로 공원이다. 도심 곳곳에 조성된 크고 작은 공원(버킹엄 궁을 중심으로 세인트 제임스 파크와 그린 파크, 그 위로 켄싱턴 가든과 하이드 파크, 리젠트 파크 등)의 푸르고 웅장함은 능력도 있는데 취미까지 고상한 남자처럼 런던의 매력을 배가한다.

• • **차이나타운:** 세계 어디에나 있다는 차이나타운은 런던의 경우 시내 한복판에 있는데 연중 수많은 관광객이 몰려들어 자리 값을 톡톡히 하고 있다. 한국 음식도 상당수 구할 수 있다.

• • **소호:** 소호는 뭐랄까, 환락가다. 낮보다는 밤에 훨씬 떠들썩하다. 클럽과 펍이 즐비하고, '저게 뭐지?' 하고 수상한 제품을 한참 바라보다 낯뜨겁게 돌아서야 하는 숍들도 많다.

공연을 보러 떠나는 유럽

웨스트엔드는 나의 놀이터

옛 런던의 서쪽 교외인 웨스트엔드(나의 등하교 코스 대부분이 해당한다). 공연장과 극장이 몰려 있는 웨스트엔드는 뉴욕 브로드웨이와 함께 세계 공연시장의 양대 산맥을 이룬다. 내게는 놀이터와도 같은 곳이다. 레스터 광장에 가면 'tkts'를 비롯해 할인 티켓도 판매하는 티켓 업소들을 볼 수 있다.

레스터 광장에 자리한 티켓 판매소

하지만 나는 공연장으로 직진하는 스타일이다. 아무리 인기 있는 작품이라도 대개 자리 하나는 남아 있게 마련이고, 찜한 무대는 꼭 보겠다는 자기최면이기도 하다.

한국에서 온다면 인터넷으로 티켓을 예매해두는 것이 좋겠지만, 여건이 된다면 대다수 공연장에서 오전 10시 무렵에 판매하는 데일리 티켓을 노려보는 것도 한 방법이다. 옛날에는 가난한 예술가나 학생을 위한 자리였다고 하는데, 하루 10석 안팎의 꽤 좋은 자리를 싼 가격에 판매하기 때문에 공연을 좋아하는 사람에게는 아주 매력적인 제도다(물론 제임스 맥어보이가 출연하는 연극 〈맥베스〉의 데일리 티켓을 구하려다 이틀이나 내 앞에서 선착순이 마감됐을 때는 '내가 뭘 그

웨스트엔드의 뮤지컬 전용 극장들

스릴러

레미제라블

빌리 엘리어트

맘마미아

렇게 잘못 살았나' 싶어 기운이 쪽 빠지기도 했다).

웨스트엔드에 있는 수많은 공연장에서는 밤낮을 가리지 않고 무대가 이어지지만 신기하게도 대부분 만원이다. 또 한 작품을 수년 동안 같은 장소에서 공연하는 경우가 많기 때문에 공연장 자체가 하나의 명소가 된다. 예를 들어 1986년 10월 허 마제스티스 극장에서 초연된 〈오페라의 유령〉은 지금도 같은 자리에서 공연되고 있다. 100년이 훨씬 넘은 공연장은 좌석이 좁고 말굽형이라 시야 제한이 있지만 세계 어느 극장도 가질 수 없는 기품과 자긍심이 있다고 할까?

〈오페라의 유령〉을 비롯해 〈레미제라블〉, 〈싱잉 인 더 레인〉, 〈위 월 록 유〉, 〈맘마미아〉, 〈라이온킹〉 등이 한국 여행객들에게 변함없이 사랑을 받고 있고, 최근에는 〈위키드〉, 〈빌리 엘리어트〉, 〈마틸다〉, 〈더 워〉, 〈보디가드〉 등도 인기다.

종종 나에게 공연을 추천해달라고 부탁하는 경우가 있는데, 나는 우리나라에서 볼 수 없는 작품부터 공략했다. 신작이라 좋은 것도 있지만, 무엇보다 이제껏 보지 못한 무대 연출이나 독창적인 안무, 특이한 소품, 배우들이 무대를 활용하는 방식 등을 보면 입을 떡 벌리고 감탄하게 될 때가 많다. '앞서 있다'라는 사전적인 말을 오감으로 느끼는 순간이다.

참, 레스터 광장에서는 심심찮게 영화 제작발표회나 시사회도 열린다. 그다지 크지도 않은 광장에 낮브터 사람들이 장사진을 치고 있으면 영락없이 톱배우들이 나타난다. 덕분에 휴 잭맨, 러셀 크로우, 앤 허서웨이, 톰 크루즈, 브루스 윌리스 같은 유경 배우들을 볼 수 있었는데, 그럴 때마다 새삼 실감하게 된다. 아, 내가 정말 세계 문화의 중심 런던에 있구나!

뮤지컬 〈오페라의 유령The Phantom of the Opera〉

허 마제스티스 극장

초연: 1986년 런던 허 마제스티스 극장

시놉시스: 흉측한 외모 때문에 오페라 극장 지하에 숨어 사는 천재 음악가 팬텀. 그는 무명 무용수 크리스틴에게는 얼굴 없는 음악의 천사다. 극장의 무대장치 사고로 대신 주연을 맡게 된 크리스틴은 일약 스타가 되고, 분장실에 혼자 남은 그녀 앞에 팬텀이 나타나 함께 파리의 지하 하수구로 사라진다. 두 사람은 음악적으로 교감하지만 팬텀은 흉측한 얼굴을 드러낼 수 없고, 그사이 극장 후원자 라울과 크리스틴은 연인으로 발전한다. 그들을 질투하는 팬텀은 크리스틴을 납치하고, 라울은 팬텀의 은신처를 찾아내지만 그에게 붙잡힌다. 자신을 선택하지 않으면 라울을 죽이겠다고 협박하는 팬텀에게 크리스틴은 키스하고, 이에 감동한 팬텀은 두 사람을 보내준다. 그리고 떠나가는 크리스틴을 향해 사랑한다고 노래한다.

관람 포인트: 프랑스 작가 가스통 르루가 1910년에 발표한 동명의 소설이 원작이다. 영국에서 초연된 이 작품의 배경은 파리의 오페라 가르니에. 파리 오페라 극장을 재현한 화려한 무대 세트와 고증을 거친 의상, 무대에 배를 띄우는 등 공간 제약을 초월한 연출은 큰 볼거리다. 물론 앤드류 로이드 웨버Andrew Lloyd Webber의 음악도 빼놓을 수 없다! 팬텀이 크리스틴을 지하 은신처로 데려갈 때 파이프오르간 연주와 함께 울려 퍼지는 'The Phantom of the Opera', 크리스틴의 청아한 음색이 매력적인 'Think of Me', 라울의 다정한 음색이 더해지는 'All I Ask of You' 등 수많은 히트곡은 이 작품의 절대적인 보물이다.

연극 〈워 호스War Horse〉

초연: 2007년 런던 국립극장

시놉시스 : 영국의 시골 마을, 경제관념 없는 앨버트의 아버지는 어느 날 어린 말 조이를 사온다. 그 일로 부부는 다투지만, 앨버트와 조이는 자라면서 둘도 없는 친구가 된다. 하지만 1차 세계대전이 일어나자, 앨버트의 아버지는 조이를 군대에 팔아버린다. 이제 조이는 군인들과 같은 운명이다. 총소리에 익숙해져야 하고, 총포 속을 뚫고 전진

언제나 만원인 〈워 호스〉 공연장

해야 하며, 때로는 동료를 잃기도 한다. 영국군에서 독일군으로 소속이 바뀌기도 하는데, 조이에게는 아군도 적군도 없다. 최선을 다해 살아남는 것이 중요하다. 한편 기다림에 지친 앨버트는 나이를 속이고 군에 입대해 직접 조이를 찾아 나선다. 몇 번 죽을 고비를 넘긴 앨버트와 조이는 또 한 번의 죽을 고비 앞에서 극적으로 재회한다.

관람 포인트 : 동화작가 마이클 모퍼고의 소설이 원작이다. 조이는 실제 크기로 무대에 등장하는데, 나무와 쇠, 가죽과 천으로 특별 제작된 모형 말을 세 사람이 조종한다. 모형 말이지만 귀와 다리 관절, 꼬리가 움직이고, 숨을 쉴 때면 갈비뼈가 들썩이는 모습까지 구현한다. 게다가 말 특유의 콧김이며 울음소리를 내는가 하면 들판을 달리고 사람도 태운다. 분명히 조정하는 사람이 보이는데도 정말 살아 있는 말처럼 느껴지는 것이 신기할 따름이다. 이렇게 관객과 함께 연극적인 상상력을 마음껏 펼치는 것, 이것이 연극 〈워 호스〉가 관객을 끄는 힘이다 또 언어의 장벽으로 제때 웃지는 못해도, 감동적인 주제와 짜임새 있는 구성으로 제때 울 수 있게 리드한다.

초연: 2010년 스트라트포드 어폰 에이본, 로열 셰익스피어 컴퍼니 극장

시놉시스: 육아에는 관심 없는 댄서 출신 엄마와 사기꾼에 가까운 아빠. 하지만 그들의 딸 마틸다는 독서를 좋아하는 영특하고 사랑스러운 소녀다. 부모 복 없는 마틸다가 스승 복은 있었으니, 마틸다의 담임 하니는 그녀의 비범함을 알아보고 도와주려 애쓴다. 사실 하니는 어릴 적 부모를 잃고 친척에게 집까지 빼앗긴 아픈 기억이 있다. 그 친척은 바로 아이들을 괴롭히기로 악명 높은 트런치불 교장. 이 사실을 알게 된 마틸다는 초능력을 이용해 친구들과 함께 교장을 혼내주고, 하니는 새 교장이 된다. 때마침 사고치고 도망가는 마틸다의 부모에게 하니는 마틸다를 맡겠다고 제안한다. 하니와 마틸다는 그렇게 새로운 가족이 된다.

케임브리지 극장

관람 포인트: 이 뮤지컬이 재밌는 이유는 무엇일까? 영국의 동화작가인 로알드 달의 인기 있는 동명의 원작을 무대에 옮기면서 동화적인 환상을 '지대로' 표현했기 때문이다. 알록달록한 알파벳 블록으로 둘러싸인 무대 세트, 판타지의 세계로 빠져들게 하는 극적인 색감의 조명, 부조리한 어른의 캐릭터를 드러내는 기괴하고 요상한 의상과 분장은 동화책을 보는 듯 흥미롭고 신선하다. 귀에 착착 감기는 넘버와 그 음악에 딱딱 들어맞는 독창적인 안무, 아이들이 그네를 타고 객석으로 뛰어오르는 장면 등은 '도대체 어떻게 저런 안무를 짰을까, 어떻게 저런 무대 연출이 가능할까?' 하는 감탄을 무한 반복하게 만든다.

뮤지컬 〈보디가드The Bodyguard〉

초연: 2012년 런던 아델피 극장

시놉시스: 1992년 큰 인기를 끌었던 영화 〈보디가드〉가 원작이다. 스토리는 간단하다. 1980~90년대 팝계를 주름 잡았던 디바 휘트니 휴스턴을 레이첼이라는 인물로 바꾸었고, 그녀를 경호하는 프랭크와 레이첼의 언니 니키가 삼각관계를 이룬다. 팝스타이자 배우인 레이첼은 스토커의 협박 편지를 받고 프랭크를 고용한다. 처음에는 대수롭지 않게 생각하던 레이첼은 스토커의 공격이 점점 심해지자 프랭크에게 더욱 의지하게 되고, 아웅다웅하던 두 사람 사이어 사랑의 감정이 싹튼다.

아델피 극장

관람 포인트: 이 뮤지컬의 절대 무기는 휘트니 휴스턴의 빛나는 히트곡이다. 'Queen of the Night'를 시작으로 'Saving All My Love', 'Run to You', 'I Have Nothing', 'So Emotional' 등을 거쳐 'I Will Always Love You', 그리고 'I Wanna Dance With Somebody'로 커튼콜을 마칠 때까지 그녀의 노래를 마음껏 감상할 수 있다. 대부분의 노래를 레이첼이 부른다(뮤지컬인데도 남자 주인공 프랭크는 아예 노래를 부르지 않는다). 그래서 어떤 배우가 레이첼을 같느냐가 이 작품의 흥행 관건이다. 초연 때는 브로드웨이에서 날아온 헤서 헤들리Heather Head.ey가 맡아 뛰어난 가창력과 빼어난 몸매로 완벽한 빙의라는 호평을 받았다.

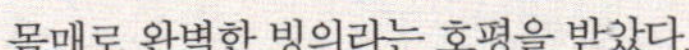

나만의 런던 공연 지도

런던에 뮤지컬만 있다고 생각하지 말자. 세계적인 수준을 자랑하는 발레와 오페라, 클래식 연주회도 넘쳐난다.

●●**로열 오페라하우스**Royal Opera House: 런던의 대표적인 마켓인 코번트가든에는 구경거리가 많아 현지인들과 관광객들로 항상 붐비는데, 쇼핑에 큰 관심이 없는 나도 자주 이곳을 찾았다. 바로 로열 오페라하우스가 있기 때문이다. 1년 내내 다채로운 작품이 무대에 오르는데, 두 작품이 요일별로 번갈아 공연될 때가 많다. 오늘 이 작품을 보러 왔다가 내일 저 작품까지 보겠다는 의지를 갖게 만드는 마케팅이다. 왕립이니 공연의 퀄리티야 젤 수나 있겠는가!

이곳에서도 오전 10시면 현장에서 67석의 입석 티켓을 10파운드 안팎의 가격으로 판매한다. 나는 티켓이 매진되는 바람에 발레 〈오네긴〉과 오페라 〈유진 오네긴〉을 입석으로 번갈아 본 적이 있다.

발레를 볼 때는 어찌나 재밌던지 '이렇게 싼 가격에 저토록 훌륭한 무대를 볼 수 있다'는 사실에 감격했지만, 오페라를 볼 때는 1층부터 4층까지 가득 메운 입석을 바라보며 '시야 제한이 있는 자

연중 관객들로 가득 차는 로열 오페라하우스

리(입석이니 정확히 말하면 공간이다)를 그럴듯한 명분을 내세의 판매하는 상술'이라며 속으로 분개했다. 사람의 마음은 참 간사하다.

• • **콜로세움** The Coliseum : 내셔널 갤러리 오른편에는 콜로세움 극장이 있는데 낮 공연(신기할 정도로 할머니 할아버지가 많다)에도 빈자리를 찾기 힘들 정도로 수준 높은 발레와 오페라 공연으로 관객들을 만족시키고 있다. 리허설 공연을 저렴한 가격에 공개하기도 하고 관객과 대화하는 시간도 있다.

• • **새들러스 웰스 극장** Sadler's Wells Theatre : 앤젤 역 근처 새들러스 웰스 극장에서는 발레를 비롯한 댄스 위주의 공연을 즐길 수 있다. 영국 출신 매튜 본 근육질의 남성 무용수들이 나오는 〈백조의 호수〉 연출가 겸 안무가이 새롭게 해석한 발레 〈잠자는 숲 속의 미녀〉를 보았는데 세계 초연이었다. 세계로 뻗어나갈 명품 공연의 첫 두대를 본 셈인데, 런던에 있기에 가능한 일이다.

• • **로열 앨버트 홀** Royal Albert Hall : 런던에는 또 하나의 중요한 공연장이 있다. 바로 로열 앨버트 홀. 빅토리아 여왕의 남편 앨버트 공이 '예술과 과학의 가치'를 나누겠다는 취지로 건립하여 1871년 빅토리아 여왕에 의해 문을 열었다. 이 공연장은 원형인데, 앞쪽에 보면 대로 건너 앨버트 동상을 마주한 채 처마가 달린 입구가 보일 것이다. 그곳이 바로 왕족들이 드나드는 문이다. 로열패밀리를 위한 대기실, 박스형 객석으로 바로 연결된다. 로열 앨버트 홀은 바그너와 베르디, 엘가 등이 영국에서 처음으로 그들의 작품을 선보인 곳이고, 비틀스, 지미 헨드릭스, 레드 제플린, 에릭 클랩튼, 스팅 등 전설적인 뮤지션들이 무대에 오른 곳이지만,

로열 앨버트 홀

농구나 복싱, 테니스, 심지어 육상 경기까지 개최한다. 재정난을 겪으면서 상당수 좌석을 팔았는데, 몇 년 전에는 10인용 박스 하나가 120만 파운드(약 21억 원)에 팔리기도 했다. 대부분 왕족들이 사들였고, 엘튼 존도 그중 한 명이라고 한다.

이곳에서는 특히 매해 7월 중순부터 두 달 동안 BBC가 주최하는 프롬스Proms라는 음악 축제가 열린다. 100회를 넘긴 이 축제는 프로그램 수준이 높은 데다 가격도 저렴해서 세계적으로 인기가 높다.

• • 셰익스피어 글로브Shakespeare's Globe : 템스 강 쪽으로 이동하면 밀레니엄 다리 근처에 유독 목가적인 건물이 보이는데, 바로 셰익스피어 글로브라는 노천극장이다. 셰익스피어가 작품을 집필하고 공연했던 극장을 재현해놓은 곳이다. 지붕이 뚫린 3층 규모의 원형극장에서는 여름이면 달빛 아래 셰익스피어의 작품이 공연된다. 작품 자체를 이해하기

공연을 보러 떠나는 유럽

는 쉽지 않지만 이색적인 공
간에서 연기하는 배우들, 달빛
아래 맥주를 마시며(심지어 무
대 앞은 스탠딩이다) 관람하는
사람들을 바라보는 것만으로
도 특별한 경험이다. 연중 다
양한 전시와 교육 프로그램,
투어가 진행된다.

셰익스피어 글로브

템스 강변에서 놀기

유럽의 주요 도시에는 도시를 관통하는 강이 있고, 그 강을 중심으로
다양한 볼거리가 형성돼 있지만, 템스 강만큼 다채로운 즐길 거리가 있
는 곳도 드물 것이다.

먼저 타워브리지. 런던을 담아낸 그림 속에 가장 많이 등장하는 곳으
로, 밤이면 환상적인 조명을 밝히며 황홀한 런던의 야경을 책임진다. 그
옆에는 반질반질한 자갈을 세워놓은 듯한 현대식 건물이 보이는데 뜻밖
에도 시청 건물이다. 서쪽으로 걸어 내려오면 현대미술관인 테이트 모
던이 있다. 원래 화력발전소였던 건물을 개조해 미술관으로 꾸몄는데,
웬만한 광장보다 큰 라운지는 그 자체만으로 하나의 작품 같다. 회화, 오
브제, 조각, 설치미술 등 20세기 거장에서부터 지금의 젊은 작가들까지,

STREET TO BRICK LANE
DISCOVER NEW YORK
CRANBERRY & LIME
SMIRNOFF
ARRIVA
BUSES
242 CT
BUCK
ROAD

밀레니엄 다리와 세인트 폴 성당. 다리 건너편에
테이트 모던이 있다

상상할 수 있거나 또는 상상을 뛰어넘는 흥미롭고 재미있는 작품들을
만나볼 수 있다. 위아래로 레스토랑이 있어서 관람을 마치고 템스 강을
바라보며 식사를 하는 것도 좋은 추억이 될 것이다.

밀레니엄 다리 사이에 테이트 모던과 마주 보고 있는 멋들어진 건물
은 세인트 폴 성당. 찰스 왕자와 다이애나 비가 결혼식을 올린 곳이다.
성당 내부는 110미터 높이의 돔을 비롯해 무척 웅장하고 화려하다.

공연을 보러 떠나는 유럽

　워털루 역 일대도 하나의 커다란 문화 벨트다. 로열 내셔널 극장, 사우스뱅크센터 등을 중심으로 낮부터 밤까지 연중 수많은 축제와 문화 행사가 열린다. 공공도서관이나 공연장에 가면 기간별로 런던의 즐길 거리를 요약해놓은 리플릿이 많기 때문에 항상 두둑이 챙겨 들고 다녔는데 사우스뱅크 일대는 다채로움에서 단연 일등이다. 인근에는 색다른 갤러리와 공연장, 펍, 레스토랑과 카페가 있어서 항상 관광객들과 현지인들

템스 강변의 황홀한 야경을 책임지는 런던아이와 국회의사당

이 넘쳐난다. 특히 템스 강변에서는 아마추어 예술가들의 독특한 퍼포먼스를 볼 수 있고, 밤이면 야간 조명이 환상적인 분위기를 연출하기 때문에 날마다 거닐어도 전혀 지루하지 않다. 워털루 역 근처에서 몇 년을 살았던 친구는 주로 북서쪽을 돌아다녔던 나에게 런던의 겉모습만 봤다며, 알짜배기는 남동쪽에 몰려 있다고 했을 정도다.

워털루 역에서 서쪽으로 조금 더 걸어가면 런던의 또 다른 상징, 대형 관람차 런던아이가 있다. 템스 강을 사이에 두고 국회의사당과 얼굴을 맞대고 있는 형국인데, 30분에 2만 원을 훌쩍 넘는 입장료가 비싸게 느껴질 수도 있지만 '런던아이London Eye'라는 이름처럼 런던 시내를 전체

공연을 보러 떠나는 유럽

적으로 조망하기에는 딱이다. 밤에는 런던아이도 빨간색 파란색 조명을 밝힌다. 한번은 이 근처에서 길을 잃은 적이 있는데, 런던아이가 어찌나 큰지, 런던아이를 길잡이 삼아 찾아갔다.

런던의 박물관과 미술관은 공짜

　런던의 자랑거리 가운데 하나는 주요 박물관이나 미술관의 입장료가 없다는 것이다. 영국 박물관, 내셔널 갤러리, 테이트 브리튼, 테이트 모던, 빅토리아 앤드 앨버트 박물관, 자연사 박물관, 과학 박물관 등 세계적인 수준의 소장품을 자랑하는 이들 박물관과 갤러리를 무료로 관람할 수 있다. 아이러니하게도 오늘날 문화강국인 영국의 예술사적 역사는 그리 길지 않다. 14세기 이탈리아에서 시작된 르네상스는 16세기에야 영국에 도달해 제대로 빛을 발하지 못했고, 그래서 그들이 내세울 수 있는 음악가나 화가도 이탈리아나 프랑스, 독일에 비해 현저히 적다. 하지만 영국은 19세기 막강한 국력을 바탕으로 세계의 수많은 예술품들을 모아 들였다(가져오는 방법은 다양했겠지만). 그리고 그것을 무료로 개방해 국민을 계몽하고자 했다.

　'얼마든지 가져와 마음껏 보여줄 테니 어서 예술적인 두각을 나타내다오!' 이런 심정이었을까? 어쨌든 우리가 교과서에서나 볼 수 있는 명화나 조각, 유물들을 무료로 보는 그네들이 부러운 건 사실인데, 무엇보다 박물관이나 미술관을 자연스럽게 드나드는 모습은 정말 보기 좋다.

런던

빅토리아 앤드 앨버트 박물관

어느 미술관에 가나 교복을 입고 바닥에 앉아 스케치하는 어린 학생들
을 볼 수 있다. 그들에게는 미술관의 문턱이 우리의 영화관만큼이나 낮
은 것이다. 이들 박물관이나 미술관에는 대부분 시간대별로 무료 가이

공연을 보러 떠나는 유럽

드 투어가 있고, 음악회 등 다양한 이벤트가 마련되어 있어 심심할 때마다 골라서 갈 수 있다.

영국에선 모두가 아티스트

영국은 팝의 본고장이지 않던가! 비틀스를 필두로 세계적인 뮤지션들이 활동하고 있다. TV 프로그램에 폴 매카트니가 출연하고, 라디오 공개방송에 뮤즈가 나오고, 시내 어느 재즈바에서 엘튼 존이 피아노를 연주하고 조용히 사라진다. 우리가 손꼽아 기다리는 유명 록밴드의 공연이 수시로 열리고, 여름이면 공원에서 크고 작은 록 페스티벌이 펼쳐진다.

런던에서는 세계에서 온 수많은 뮤지션들도 만날 수 있다. 내가 다녔던 어학원에도 외모가 빼어나거나 특이한 강사들이 몇 명 있었다. 그래서 물어보면 그들도 어김없이 밴드 활동을 하고 있었다. 강사뿐만 아니라 학생들 중에도 상당수가 보컬리스트거나 연주자였다. 유튜브를 통해 뮤직 비디오를 보면 실력이 상당하다. 런던의 많은 펍에서도 다양한 밴드의 공연을 볼 수 있어서 젊은 친구들에게 인기가 많다.

재밌는 것은 런던에서 알게 된 몇몇 사람들에게 무슨 일을 하느냐고 물으면 그들은 1초도 망설이지 않고 뮤지션이라고, 화가라고, 작가라고 말한다. 조금 더 얘기를 나눠보면 그것으로는 생계를 유지하기가 어렵기 때문에 마트에서 일을 하거나 별도의 직업을 가진 사람이 많았다. 하

템스 강가에서 기타 치는 뮤지션

지만 그것은 돈을 벌기 위한 수단일 뿐 그들의 정체성은 '뮤지션이고 화가이고 작가'인 것이다. 놀라운 건 상당수는 나보다 나이가 많다는 사실이다. 그 당당함이, 아니 당연함이 신선해 보였다. 안정된 삶을 최고로 치는 사회에서 살아온 나에게는 너무나 불안정해 보이지만, 그들은 그럴 수도 있는 사회에서 살아왔기 때문에 참 편안해 보였다. 사실 예술을 하면서 생활의 안정까지 누릴 수 있는 사람이 얼마나 될까? 그래서 우리는 생활을 위해 꿈을 포기한다. 그리고 돈을 벌지 못한 예술은 성공하지 못한 예술로 치부한다. 그런 면에서 런던은 다양성이 인정되는 곳이 아닐까 생각해본다. 살아가는 방법의 다양성, 예술에 대한 가치의 다양성, 자신이 할 수 있는 것으로 돈을 벌고 나머지 시간은 하고 싶은 일을 해도 철없다고 비난받지 않는 분위기…….

이 많은 새로운 경험과 감성을 품고, 이제 나는 어떻게 살게 될까? 청설모 한 마리가 분주히 내 주위를 돌아다닌다. 내가 좋아하는 세인트 제임스 파크. 이곳에 올 수 있는 날도 며칠 안 남았다. 영국에서 대부분의 시간을 이렇게 혼자 보냈지만 의롭지 않았다. 원하는 것만 줍요하게 찾아다니느라 대부분 혼자였지만, 그것은 의도한 고독이었기에 어쩌면 서울에 있을 때보다 외롭지 않았다.

나는 이미 알고 있다. 내 인생에서 가장 달콤했던 시간이 아무것도 모르고 사랑할 때였다면, 가장 황홀했던 순간은 많은 것이 덧없고 유한하다는 걸 알게 된 나이에 런던에서 보낸 시간이라는 것을. 바람이 몰아치는 공원에서 모자를 뒤집어쓰고 빵을 뜯어 먹어도 마냥 좋았다. 극장으로 달려가 티켓을 끊고, 공연을 기다리며 네오 카페의 카푸치노를 마시고 있노라면 세상에 이런 행복은 없는 것 같았다.

그래, 스무 살의 풋풋한 사랑을 다시는 경험할 수 없는 것처럼 서른다섯 살의 이 자유로운 방황도 다시는 없겠지? 에구, 눈물이 나네. 나는 정말 런던을 사랑했나 보다. 아니, 런던에서 마음껏 꿈꿨던 나 자신을 사랑했나 보다.

Praha

아름다움의
이면을 보다

● 프라하 ●

'각인'이라는 단어를 국어사전에서 찾아보면 '머릿속에 새겨 넣듯 깊이 기억됨'이라고 적혀 있다. 살다 보면 어떤 것이 그야말로 각인되는 순간이 있다. 스무 살이 되던 그해 겨울, 나에게는 프라하라는 도시가 각인됐다. 어떤 사람에게는 드라마나 영화를 통해 알려진 아름다운 도시이지만, 내 머릿속에 프라하를 깊게 새겨준 사람은 밀란 쿤데라다.

대학 입학을 앞두고 고향을 떠나온 나는 서울이라는 거대 도시에 입성했는데도 어찌 그리 무기력한지 누렇게 얼굴이 뜬 채 집에만 있었다.

그때 언니의 책장에서 발견한 책이 《참을 수 없는
존재의 가벼움》이었다. 그 강렬한 제목은 대학
생이 되는 것에 아무런 감흥이 없던 나에게
자석처럼 달라붙었다. 그해 츠여름 언니
는 결혼과 함께 밀란 쿤데라의 책을 몽
땅 가져갔고, 나는 그에 질세라 그의 책
을 모조리 사들여 참으로 열심히 읽었다.
어떤 책은 한 달 동안 들고만 다닐 정도로 진도가 나가지 않았지만, 무
슨 내용인지 이해도 못하면서 읽고 또 읽었다. 뭐랄까, 당시 밀란 쿤데라
는 내게 우주를 보여주는 작가, 프라하는 그 우주로 들어가는 관문 같은
곳이었다. 신기한 일이지만 그렇게 맹목적으로 읽었는데도 지금은 내용
이 잘 생각나지 않는다(가지런히 꽂혀 있는 밀란 쿤데라의 책들에 손조차 가
지 않는 건 어떻게 설명해야 할까).

　　하지만 스무 살에 각인된 프라하는 서른 살이 넘어서도 언제나 내게
손짓했다. 아름다운 도시 프라하가 아니라, 밀란 쿤데라가 알려준 프라
하 말이다.

혼자 떠나온 프라하

　　신시가지의 중심인 바츨라프 광장에 숙소를 잡았다. 공항에 도착할
때까지는 괜찮았는데 공항버스를 타고 중앙역에 내리니 추적추적 비가

온다. 홀로 나선 장기 여행의 첫 도시여서 그런지 상당히 긴장했다. 게다가 중앙역 앞은 생각보다 음산하다. 프라하에서는 한인 민박을 구했다. 아직은 혼자라는 게 낯설어 동족의 숨결을 느끼고 싶었다. 하지만 사람이 너무 많은 것도 싫어서 신시가지에 있는, 평균보다 조금 비싼 곳을 골랐다(어찌 이리 까다로울까). 다행히 숙소에는 남학생 한 명과 할아버지 한 분이 계신다(특이한 조합이다).

다 함께 야경을 보러 가자는데 솔솔 잠이 온다. 어쨌든 오랜 시간 비행기를 탔고 낯선 곳에서 숙소를 찾느라 힘들었다. 이제 긴 여행의 시작이다. 절대 무리해서는 안 된다. 꼭 사흘 전 스스로 병원 응급실을 찾아 뇌 CT까지 찍었다. 다행히 별문제는 없었지만, 의사는 비슷한 증상이 나타나면 여행을 멈춰야 한다고 했다. 새벽 2시에 병원을 나서며 나는 기도했다. 하늘을 달릴 수 있게 해달라고. 서른다섯 살에 공연을 보며 유럽을 여행하겠다는 허무맹랑한 꿈은 이해도 되지 않는 밀란 쿤데라의 책을 끌어안고 20대를 탕진할 수밖에 없었던 내 시린 지난날에 대한 보상이었다. 그러니 이번만큼은 어떤 것에도 머뭇거리지 않고 신나게 떠날 수 있게 해달라고 간절히 기도했다.

세찬 빗소리에 눈을 떠보니 아침이다. 열두 시간을 자버렸다. 자면서도 혼자라는 불안감, 씩씩해야 한다는 강박감, 아프지 않아야 한다는 자기최면에 에너지를 쏟았는지 개운치가 않다.

"오늘 미스 윤은 뭐할 거예요?" 남학생이 아니라 할아버지가 물으신다.

"글쎄요, 슬슬 둘러봐야죠."

건축 박물관으로 불리는
아름다운 프라하의 거리

“그럼 나 따라 나서!”

혼자 있는 걸 좋아하지만 뭔가 혼자 하는 것에는 익숙지 않은지라 처음 보는 할아버지를 따라 나섰다. 일흔여섯 살의 할아버지는 선박회사에서 일할 때 독일을 비롯한 유럽 지사에서 오래 생활하셨다고 한다. 함께 나서보니 나보다 걸음도 빠르시고, 지도도 척척, 가이드가 따로 없다. 할아버지를 따라 환전도 하고 프라하 역사도 듣고 개인적인 얘기도 하다 보니 어느새 블타바 강을 건너 프라하 성을 향하고 있다.

“윤 기자, 커피 마시고 가자. 이런 날씨에는 달달한 걸 좀 먹어줘야지.”

방송기자로 일했다는 얘기를 들은 뒤로 내 호칭은 미스 윤에서 윤 기자로 바뀌었다. 기자로 일할 때는 무겁게만 느껴졌던 ‘기자’라는 타이틀이 이제는 이상하게 친근하다. 날마다 훨씬 낯선 것들과 마주해서일까? 아니면 나도 모르게 익숙해졌던 걸까?

할아버지와 나는 오르막길에 있는 예쁘장한 레스토랑에 들어가 팬케이크와 카푸치노를 주문했다. 당차게 생긴 여종업원이 영어를 시원시원하게 해서 주문에는 어려움이 없었다.

“아내는 힘들어서 같이 못 오겠대. 그런데 내 나이가…… 마지막일 수도 있잖아. 그래서 혼자라도 와야겠다 싶었지.”

따끈한 카푸치노로 몸을 녹이며 할아버지는 혼자 여행을 오게 된 사연을 얘기하셨다. 사실 유럽에서는 혼자 여행하는 할아버지 할머니를 많이 보게 된다. 청년들과 똑같이 배낭을 짊어지고, 호텔이 아니라 호스텔에서 방을 나눠 쓰기도 한다. 나이 들어서도 여행하는 모습이 무척 보기 좋다. 그러고 보니 혼자 여행하는 한국 할아버지는 처음 본다. 멋지다!

할아버지와 나는 다정한 연인처럼 달콤한 팬케이크를 나눠 먹은 후 계산서를 달라고 요청했다. 당찬 여종업원은 예쁘장한 보석상자에 계산서를 담아왔고, 할아버지는 1000코로나(약 7만 원) 지폐를 내밀며 양해를 구했다. 주요 관광지의 식음료 가격에는 거품이 있지만, 전체적으로 프라하의 물가는 가까운 오스트리아 빈보다 저렴하다. 그러니 1000코로나는 꽤 큰 단위의 화폐다. 하지간 여종업원은 전혀 문제없다며 돈을 받았고, 잠시 뒤 다시 와서 거스름돈을 주었다. 그런데 할아버지와 내가 짐을 챙겨 일어서려는 순간, 그녀는 아주 커다란 목소리와 몸짓으로 우리를 막아섰다.

"상자가 어디 갔지? 도대체 어디 있느냐고?"

상황을 파악하지 못한 할아버지와 나는 그냥 멍하니 그녀를 보았고, 카페 안에 있던 손님들은 일제히 우리를 쳐다보았다.

"어머 세상에, 내 상자 내놓으라고!"

"무슨 소리야? 좀 전에 거기에다 돈을 넣어줬잖아."

"아니야, 내가 상자에 계산서를 담아 왔는데 너희는 돈만 줬다고. 네가 숨긴 거야? 그 가방 안에 있지?"

이런 황당한 일이 있나. "네가 직접 가방을 확인해봐!"

나는 지퍼를 열어 가이드북과 물통밖에 들어 있지 않은 단출한 가방 안을 보여주었다. 당연히 그녀는 가방 안 따위에는 관심도 없었고 상자 타령만 했다. 그녀와 몸싸움을 한다면 당연히 내가 한 방에 나가떨어지겠지만, 이런 불쾌한 상황을 그냥 넘길 만큼 기가 약하지는 않다.

"뭐하자는 거야? 좋아, 경찰 불러!" 늦은 밤 뒷골목에서 그녀를 만나지 않았음에 감사하며 보는 눈이 많았기에 점잖게, 하지만 단호하게 말했다.

"경찰 부르고, 너희 사장도 불러!"

영어에 체코어까지 섞어가며 모노드라마를 찍던 그녀는 무슨 생각을 했는지 팜므파탈 여배우처럼 순식간에 감정선을 바꿔 내 곁으로 다가왔다.

"오 이런, 날마다 많은 사람들이 상자를 훔쳐가서 내가 착각했나 봐. 정말 미안해."

"됐고. 네가 우리를 도둑으로 몰았잖아. 사장 부르라고."

"이러지 마, 정말 미안해."

할아버지는 씩 웃더니 나더러 그만 가자고 했다.

"쟤가 큰돈을 보더니 욕심이 났나 보다. 우리가 아시아인이고 하니까 소란 피우면 그냥 돈을 좀 줄 거라 생각했는데 상대를 잘못 만났네."

할아버지는 무언가 액션을 더 취하려는 나를 카페 밖으로 데리고 나오셨다.

"카페 직원이 저런다는 게 말이 돼요?"

"관광객에게 프라하는 아름다운 도시지만 이곳에 사는 사람들은 팍팍한 거야. 아직 궁핍한 거지."

분한 마음을 잘 삭이지 못하는 나는 프라하 성으로 가는 내내 부글부글 화가 났다.

"그러지 마라, 이상한 사람 때문에 윤 기자 여행을 망치면 쓰나."

하지만 이상한 사람 때문에 내 여행을 망치는 일은 얼마나 많은가? 가만히 있는데 지갑을 훔쳐가고, 바가지를 씌우고, 때로는 다치기도 하고 골치 아픈 일에 휘말리기도 한다. 이상한 사람과 사건은 수시로 끼어들어 내 여행을, 내 삶을 의도하지 않은 방향으로 몰고 간다. 그렇게 한바탕 혼란이 몰아치고 나면 상처 난 마음을 부여잡고 동물처럼 웅크려 있을 때도 있다. '그 종업원을 어떤 식으로든 벌해야 했는데!'

나는 때때로 후회했다. 사람들이 선함을 이용하는 것은 아닌지, 바보처럼 당하고 있는 것은 아닌지, 나를 괴롭히고 상처 준 사람을 어떻게든 응징해야 했다고 말이다.

"순해 보이는데 일 닥치니까 기자 성깔 나오더라. 하하하."

"성깔은 부리는데 결국 손해 보면서 사는 것 같아요. 조용히 웃으면서 상처 주는 사람도 많잖아요."

"업이라고 하지? 남한테 몹쓸 짓 하면 다 돌려받게 돼 있어. 이제 그만 기분 풀어라. 회사까지 그만두고 온 여행이라며!"

"헤헤, 맞아요!"

그래, 이상한 사람 때문에 내 여행을 망치면 안 되지.

프라하 성은 9세기에 건축이 시작돼 이후 수 세기 동안 로마네스크, 고딕, 르네상스 양식까지 더해졌는데, 덕분에 아름다운 건축물을 한자리에서 볼 수 있다. 특히 한밤에 카를 다리에서 바라보는 프라하 성은 유럽에서도 손에 꼽히는 야경 가운데 하나다. 성 내에는 구왕궁과 성 비투스

대성당, 성 조지 교회, 황금 소로 등이 있어서 마치 하나의 작은 도시를
보는 듯하다.

"그런데 캐슬과 팰리스의 차이가 뭐지?"

공연을 보러 떠나는 유럽

"글쎄요. 우리말로 하면 성과 궁의 차이인데."

한참 이것저것 돌아보던 할아버지는 부력을 발견한 아르키메데스처
럼 외치셨다.

"아, 왕이 생활하거나 정치를 돌본 곳은 팰리스고, 군사적인 목적으로 지었으면 캐슬이구나."

"경복궁과 남한산성처럼요?"

"그렇지. 수십 년 여행하면서도 따로 생각해본 적이 없는데, 윤 기자랑 같이 구경하니까 논리정연해지네."

하하하. 기자보다 논리정연한 할아버지와 성 조지 교회 북쪽에 있는

걷는 것만으로도 행복한 프라하 거리

구시가 광장의 소규모 공연들

좁은 골목을 따라 걷고 있다. 아기자기한 색색의 집들이 자리하고 있어 프라하에서 가장 아름다운 거리로 꼽히는 황금 소로다. 처음에는 성의 보초병들이, 나중에는 연금술사와 금 세공사들이 살았던 곳인데, 지금은 서점이나 기념품 상점들이 차지하고 있다. 집집마다 번호가 붙어 있는데, 22번의 파란색 집은 체코의 대문호 카프카의 집필실이었다고 한다. 아무래도 체코 출신 작가들은 쉬운 글은 쓰지 않나 보다.

"점심은 근사한 걸로 먹자."

"맥주도 한잔해야죠!"

"그래, 하하하."

비가 잦아들어서인지 구시가 광장 곳곳에서 소규모 공연이 펼쳐지고 있다. 할아버지와 나는 광장이 바로 보이는 레스토랑에 들어가 이것저것 주문했다. 그리고 체코의 대표 맥주인 필스너를 들고 건배했다.

"무조건 안전하고 건강하게 여행해라."

"내년에도 유럽 여행 하세요."

이렇게 떠나온 나도, 이렇게 더나온 할아버지도, 이 만남에도 치어스!

그런데 많이 주문한 데다 맥주까지 마셨더니 음식이 꽤 남았다. 한 끼 식사가 될 만큼 큼지막한 소고기 샌드위치는 손도 못 댔다. 그래서 지나가는 종업원에게 포장을 해달라고 부탁했다. 그런데 그가 표정을 구기며 대놓고 한숨을 내쉬는 게 아닌가. 체코에는 남은 음식을 포장해가는 문화가 없나? 아니, 도대체 서비스라는 게 없나? 카페건 레스토랑이건 팁은 알아서 잘만 떼 가면서!

프라하의 봄

오늘은 날씨가 아주 화창하다. 할아버지는 오전에 차로 시내 투어를 하신 뒤 독일 비스바덴으로 떠난다고 하셨다. 할아버지 덕분에 프라하 지리에 익숙해진 나는 드디어 홀로 나서보기로 했다. 여행에서는 이렇게 많은 사람들을 만나고 또 기쁜 마음으로 떠나보낸다. 여행에서는 당연한 일을 일상으로 돌아오면 떠나보내지 못하고 아파할 때가 많다. 적어둬야겠다. 때가 되면 편안한 마음으로 떠나보내기, 언제든 무엇이든 말이다.

나는 일단 숙소 근처 바츨라프 광장을 꼼꼼히 살펴보기로 했다. 국립박물관과 맞닿아 있는 광장은 파리 샹젤리제 거리를 떠올릴 만큼 프라하에서 가장 번화하고 현대적인 거리다. 광장 중앙에는 작은 공원이 있고 보행자 공간도 따로 조성돼 있다. 또 700미터에 달하는 대로 양편에는 근사한 호텔과 브랜드 숍, 레스토랑, 카페가 즐비하다. 이곳은 프라하에서 가장 역사적인 공간이기도 하다. 무척 낭만적으로 들리는 프라하의 봄은 1968년 소련에서 벗어나려던 체코인들의 민주자유화 혁명을 말하는데, 그 집회 장소가 바로 바츨라프 광장이었다. 당시 소련은 이 운동을 막기 위해 군사적으로 개입했고, 그래서 광장에는 공산정권에 희생

공연을 보러 떠나는 유럽

역사의 현장, 이게는 즐길 거리가 가득한 바츨라프 광장

된 사람들을 추모하는 기념비가 있다.

바츨라프 광장에서 살짝 벗어나면 체코를 대표하는 아르누보 예술의 거장 알폰스 무하의 그림이 전시된 미술관이 나온다. 무하는 프랑스 파리에서 데뷔해서 뮈샤로 불리기도 하는데 장식예술에서 두각을 나타냈다. 포스터, 잡지 표지, 엽서, 달력, 식기, 직물 등에서 이른바 '무하 스타일'이 있을 정도였다고 한다. 그의 작품들은 아르누보 양식답게 화려하고 여성적인데, 성 비투스 성당의 스테인드글라스나 시청사의 벽화 등 도시 곳곳에서도 그의 손길을 확인할 수 있다.

스메타나 홀이 있는 오베츠니 둠

무하 미술관에서 화약탑 쪽으로 가면 외벽의 모자이크화로 유명한 오베츠니 둠(시민회관)이 있는데, 나에게는 프라하에서 가장 중요한 장소다. 무라카미 하루키의 《1Q84》를 읽어봤다면 또다시 체코와 만나게 될 것이다. 하루키는 이 책에서 야나체크라는 체코 출신 작곡가를 언급하고 있는데, 체코에서는 야나체크에 앞서 스메타나와 드보르자크가 활약했다. 그리고 늦봄에 프라하를 찾으면 도시 전체가 그들의 음악으로 들썩거린다. 바로 '프라하 봄 음악제Prague Spring International Music Festival'가 열리기 때문이다. 프라하 봄 음악제는 2차 세계대전이 끝나고 당시 체코슬로바키아가 독일의 점령에서 해방된 다음 해인 1946년에 처음 열렸

공연을 보러 떠나는 유럽

다. 창단 50주년을 맞은 체코 필하모닉을 중심으로 세계 일류 연주자들을 초대해서 사람들에게 희망과 용기를 불어넣자는 의도였다. 이후 축제는 해마다 5월 12일에 시작해서 6월 2일 전후로 막을 내린다. 끝나는 날은 변동이 있지만, 시작하는 날은 항상 스메타나의 서거일인 5월 12일이다. 스메타나는 체코인들의 민족운동을 격려했던 국민음악가로, 프라하 봄 음악제는 언제나 체코 필하모닉이 연주하는 스메타나의 교향시 〈나의 조국〉으로 시작한다(당연히 이렇게나 의미 있는 개막식 티켓은 일찌감치 매진된다). 페스티벌은 오베츠니 둠 안에 있는 스메타나 홀과 루돌피눔에 있는 드보르자크 홀을 중심으로 도심 곳곳의 공연장에서 펼쳐진다. 인기 공연들은 일찌감치 티켓이 동나고 가격도 비싼 편이지만, 박물관이나 성당 등에서도 대중적인 레퍼토리의 크고 작은 연주회가 끊임없이 열린다. 그래서 축제 기간에 거리를 걷다 보면 한 움큼의 공연 리플릿을 받게 된다.

나는 스메타나 홀에서 열리는 공연을 보기로 했다. 프라하 봄 음악제의 오프닝 콘서트가 열리는 상징적인 곳이기 때문이다. 그런데 문제가 발생했다. 정확히 3분 늦게 공연장에 도착했는데 티켓 부스가 닫혀 있다. 안에 사람이 있지만 아무리 부탁해도 창문조차 열어주지 않는다. 음악 홀 계단에 서 있는 근사한 수트 차림의 남자에게 사정을 야기했다. 혹시 취재를 위해 제공된 내 티켓을 가지고 있는지. 그들은 전달받은 내용이 없다며 티켓을 사겠느냐고 물어본다. 사실 취재를 신청할 때부터 석연찮은 구석이 있어서 낮에 전화까지 걸어 담당자에게 확인했는데, 그녀는 티켓 부스에서 찾을 수 있을 거라고 했다. 그것도 아주 쌀쌀맞게.

프라하는 지금 몇 시일까?

그런데 역시나 티켓은 없고(물론 늦은 건 내 잘못이다!), 티켓 부스에 있는 사람은 문도 안 열어주고, 이 멀쩡하게 잘생긴 남자들은 아무것도 몰랐다. 그냥 티켓을 살까 하다 프라하에서 (은근히, 하지만 꾸준히) 겪고 있는 어떤 불합리함에서 벗어나야겠다는 생각이 들었다. 어쨌든 취재를 위해 신청서를 작성하고 근거 자료를 제시하고 여러 번 연락해서 얻은 티켓이 아니던가.

나는 수트 군단에게(지금으로선 말을 걸 수 있는 사람이 그들뿐이다) 상황을 다시 한 번 설명하고 취재 담당자나 책임자와 어떻게 하면 좋을지 얘기하고 싶다고 말했다. 몇 십 초의 정적이 흘렀을까? 한 남자가 선뜻 티켓을 내주더니 레드카펫을 걷는 것처럼 길까지 안내해준다. 너무 쉬운데? 또 기 싸움이었나?

그렇게 들어선 스메타나 홀은 뭐랄까, 지금껏 프라하에서 마주친 의외의 감정들에, 그 딱딱하고 불친절하고 쌀쌀맞은 것들에 놀랍도록 자연스럽게 우아함이 깃들어 있는 느낌이다. 여느 오페라극장처럼 막무가내로 고상하고 따뜻하지 않다. 게다가 오늘은 슬로바키아 필하모니 오케스트라의 공연이다.

1992년까지 체코슬로바키아는 하나의 공화국이었다. 그들은 각기 다른 언어와 문화를 가지고 있지만 서로 말이 통하고 삶을 이해할 만큼 여전히 가까운 사이다. 슬로바키아 필하모니 오케스트라는 1949년 수도 브라티슬라바에서 창설됐는데 유명 지휘자들이 예술감독을 역임하면서 수준 높은 연주를 자랑해왔다. 지리적으로도 빈과 가까워서 오스트리아의 영향을 많이 받았고, 결국 프라하의 체코 필하모닉과 어깨를 겨루는

<프라하의 봄 음악제> 오프닝이 열리는 스메타나 홀

관현악단으로 자리매김했다. 그리고 그들이 연주하는 스메타나(<팔려간 신부>로 기억한다)는 군기 바짝 든 군인의 각진 발걸음처럼, 한 몸처럼 보이는 발레리나들의 군무처럼, 한 치의 오차도 허락하지 않는 정확함과 긴장감이 있다. 날카롭고 절도 있는 연주에 나도 모르게 허리를 곧추세우고 앉았다.

한참 연주에 빠져 있다 문득 우리가 여전히 동유럽이라고 부르는 지역은 과거 서유럽과 다른 정치 체제였음을 실감했다. 음악에서도 연주에서도 서유럽의 그것과는 낯선 감성이 느껴지는 게 신기할 정도다. 그러고 보니 이 국제적인 음악제는 놀랍도록 민족적이지 않은가! 스메타나 홀, 드보르자크 홀 등 체코 출신 음악가들의 기념 홀에서 열리는 콘서트에서는 체코에서 빚어진 음악이 무수히 연주되고 있다. 관객 입장에서는 그들의 땅에서 그들의 정서로 그들의 음악을 들을 수 있는 아주 특별한 경험이면서 한편으로는 그렇게 이 나라를 각인하는 것이다.

여전히 알 수 없는 프라하

바츨라프 광장에 있는 카페에서 커피를 마신 뒤 아무 트램이나 올라타봤다. 돌길을 달리던 트램이 블타바 강을 건너 어딘가를 향해 가고 있다. 지도를 보거나 사진을 찍는 관광객들의 모습이 점점 사라지고 거리는 무척 한산하다. 거미줄처럼 뻗은 트램 라인, 분명히 현지인들이 많이 사는 곳인 것 같은데 과거로 이동한 듯 온통 고풍스러운 건물들뿐이다. 저런 집은 보기에는 아름답지만 직접 살아보면 불편한 게 한두 가지가 아니겠지?

한참을 달리다 문득 너무 벗어난 것 같아서 냉큼 트램에서 내렸다. 길을 건너 다시 똑같은 번호를 타고 되돌아가면 되니까. 구시가 광장을 다시 찾았다. 광장 중앙에 서니 사방으로 길이 나 있고, 그 길 위로 독특한 건축물들이 병풍처럼 드리워져 있다.

로마네스크에서 고딕, 르네상스, 바로크, 로코코, 아르누보까지 도시 자체가 건축 박물관 같다. 밤에는 고딕 양식의 틴 성모교회가 조명을 받아 강렬한 이미지를 보여주더니, 햇빛이 가득한 낮에는 화려하고 따뜻

블타바 강을 가로지르는 트램

카를다리 건너편에서 바라본 풍경

한 로코코 양식의 골스 킨스키 궁전이 눈에 띈다. 시계탑 앞에는 언제나처럼 시계 쇼 오전 9시부터 밤 9시까지 매시 정각 를 보려는 관광객들로 발 딛을 틈이 없다.

카를 다리로 가는 길은 골목골목 들어찬 커피숍과 레스토랑, 각양각색의 유리세공품과 마리오네트 인형을 보느라 혼자 걸어도 마냥 재밌다. 1402년에 완공된 카를 다리는 너비 9.5미터, 길이 516미터로 유럽 중세의 건축미를 뽐낸다. 독특한 모양은 물론이고 다리 위에 있는 30기의 성인상, 곳곳에서 그림을 그리거나 악기를 연주하는 사람들은 그 자체로 볼거리다.

나도 오늘은 따사로운 카를 다리 위에서 넉넉하게 시간을 보내볼 생각이다. 프라하에 와서 이 다리를 수없이 지나다녔건만 올 때마다 새로움이 가득하고 볼 때마다 다른 빛깔이다. 그리고 프라하를…… 나는 아직 모르겠다. 사람들이 말하는 것처럼 마냥 아름답고 낭만적인 곳인지. 왜 이런 생각을 하고 있을까? 아마도 여전히 나는 밀란 쿤데라를 통해 프라하를 보고 있나 보다. 상반되는 가치의 충돌과 공존, 인간의 어리석음과 이중성, 무언가에 의해 또는 그 무엇 없이도 너무도 쉽게 비극이 되고 희극이 되는 삶 말이다. 갑자기 밀란 쿤데라의 책을 모조리 다시 읽고 싶어졌다. 《참을 수 없는 존재의 가벼움》, 《불멸》, 《농담》, 《생은 다른 곳에》, 《웃음과 망각의 책》, 《사랑》, 《이별》, 《정체성》……. 어쩌면 이제 훨씬 재밌게 읽을 수 있을 것 같다. 스무 살에는 알지 못했던 세상을, 그리고 사람을 나도 겪었으니까.

프라하 봄 음악제 : 클래식 연주회 중심의 예술제
홈페이지: http://www.festival.cz/en
개최 시기: 매해 5월 12일부터 6월 초
개최지: 체코 프라하
찾아가는 법: 프라하 국제공항, 인천에서 직행 운항
특징: 5월 12일 스메타나 홀에서 스메타나의 〈나의 조국〉을 연주하는 것으로 시작한다.

Wien

좋아하는 것에
탐닉하다

● 빈 ●

　　만약 1년 동안 유럽에서 살 수 있는 기회가 제공된다면 사람들은 어느 도시를 선택할까? 파리? 프라하? 바르셀로나? 상상만으로도 행복한가? 나의 경우는 런던과 함께 유력 후보였던 곳이 바로 빈이었다. 음악 축제를 찾아 방문했던 브레겐츠, 인스부르크, 잘츠부르크 모두 살아보고 싶은 오스트리아의 대표 도시들이지만, 가장 끌리는 곳은 역시 수도 빈. 음악의 도시라는 수식어에 가장 어울리는 이 도시에는 그 옛날 그토록 많은 예술가들이 실제로 머물지 않았던가. 분명 그만한 매력이 있기 때문이다.

　나는 지금 유로라인을 타고 프라하에서 빈으로 가고 있다(기차와 시간
은 비슷하게 걸리면서 가격은 훨씬 싸기 때문에 프라하에서 빈 구간은 버스를
많이 이용한다. 운영하는 버스 회사는 여러 곳이 있는데, 유로라인은 논스톱으
로 가기 때문에 네 시간이면 이동할 수 있다). 가슴이 콩닥콩닥 뛴다. 또 다
시 마음을 홀랑 뺏기면 안 되는데. 사실 빈은 내가 좋아하는 모든 것을
품고 있다. 뭐냐고?

내가 좋아하는 뮤지컬 〈엘리자베트〉

　빈에는 세 개의 기차역이 있는데, 중앙역이라 할 수 있는 서역 인근에
숙소를 잡았다. 서역은 쾌적한 데다 푸드코트와 쇼핑센터

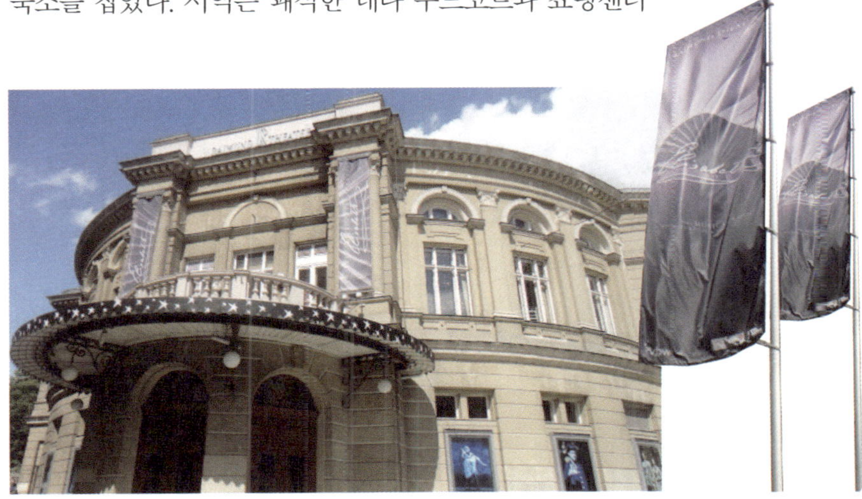

뮤지컬 전용극장인 라이문트 극장

가 잘 갖춰져 있어서 여행객이 머물기에 좋은 곳이다. 무엇보다 주요 관광지와 가깝고, 오늘 밤 내가 가야 할 공연장까지 걸어갈 수 있다. 뮤지컬 전용극장인 라이문트 극장Raimund Theatre <u>공연 시작 한 시간 전부터 할인 티켓을 판매하는데, 객석이 말발굽 형태라서 할인석은 시야 제한이 있을 수 있다.</u> 에서 뮤지컬 〈엘리자베트〉가 20주년을 기념해 장기 공연 중이다. 1992년 초연된 〈엘리자베트〉는 독일어 뮤지컬로는 가장 성공한 작품으로, 지금까지 독일, 핀란

뮤지컬 〈엘리자베트Elisabeth〉

초연 : 1992년 빈 시어터

시놉시스 : 오스트리아 헝가리 제국의 마지막 황후 엘리자베트의 일대기를 다룬 뮤지컬. 무대는 낭만적인 사랑으로 시작해 처참한 암살로 끝난다. 그것이 엘리자베트의 일생이었다. 어릴 때부터 시시Sissi라는 애칭으로 불리며 자유분방하게 자란 엘리자베트는 15세 때 황후 후보였던 언니를 따라갔다가 황제 프란츠 요제프의 눈에 띄어 언니를 제치고 황후가 되었다. 달콤한 만남, 하지만 그 사랑에는 엄청난 대가가 필요했다. 엄격한 시어머니, 답답한 황실, 어린 딸의 죽음, 남편의 외도, 외아들의 자살. 황후로서의 의무를 견디지 못했던 엘리자베트는 요양을 핑계로 궁 밖을 떠돌 때가 많았고, 결국 스위스 제네바에서 무정부주의자에게 암살당했다.

극작가 미하엘 쿤체는 엘리자베트를 암살한 루케니를 해설자로 내세워 당대 유럽 황실에서 가장 아름다운 여인으로 칭송받던 위대한 황후가 아니라, 나약하고 불완전한 한 여인으로 엘리자베트를 파헤친다. 특히 '토드(죽음)'라는 판타지적인 캐릭터를 엘리자베트의 연인처럼 등장시켜 그녀를 어둠으로 몰고 가게 한다.

드, 스웨덴, 벨기에, 스위스, 한국, 일본 등 모두 11개 나라에서 900만 명 이상이 관람했다.

　뮤지컬 〈엘리자베트〉(한국에서는 〈엘리자벳〉이라는 제목으로 공연된다) 가 세계적으로 흥행할 수 있었던 비결은 실베스터 르베이 <엘리자베트> 외에 도 <모차르트!> <레베카> 등의 음악을 맡았다의 웅장하면서도 드라마틱한 음악에 있 다고 생각한다. 사실 이 작품은 엘리자베트 개인은 물론 1차 세계대전 발발 전 오스트리아와 주변국의 복잡한 관계에 대한 역사적인 배경 지 식이 있어야 하기 때문에 외국인이 〈명성황후〉를 관람하는 것처럼 감동 의 폭이 제한적일 수밖에 없다. 하지만 음악만 놓고 본다면 〈엘리자베 트〉의 넘버들은 뜻을 모르고 들어도 두 시간이 지루하지 않을 정도로 아 름답고 매력적인 곡으로 가득하다. 그래서 나는 빈에서 〈엘리자베트〉를 꼭 보고, 아니 듣고 싶었다. 그런데 막상 원조 무대를 보고는 조금 놀랐 다. 극장 자체가 오래되기도 했지만 무대 규모나 세트, 의상 등이 서울에 서 봤던 공연보다 전체적으로 소박했다 라이선스 공연이라도 계약에 따라 대본과 음 악만 사용하고 나머지는 국내에서 자체 제작할 수 있다. 하지만 그들의 역사를 담아낸 무대인만큼 역시 제 옷을 입은 듯 훨씬 자연스럽고, '황후의 일대기'라는 작품의 무게에 짓눌리지 않고 요리조리 갖고 논다는 느낌을 받았다. 게 다가 원어로 듣는 〈엘리자베트〉의 넘버는 정말 근사했다. 독일어는 발음 과 억양이 거세다고만 생각했는데(독일의 한 유스호스텔에 머물 때 복도에 서 놀고 있는 학생들이 집단으로 싸우는 줄 알고 한참 동안 방 밖으로 나가지 못한 적도 있다), 노래에서는 강약이 더해지면서 전혀 다른 느낌으로 다 가왔다. 이런 걸 감칠맛이라고 하나? 그러니 번역극뿐만 아니라 오리지

재치 만점의 호프부르크 오케스트라

널팀의 원어로 진행되는 공연도 꼭 한 번 챙겨보기를 권한다.

재밌는 것은 극중 엘리자베트가 그토록 답답해했던 빈의 호프부르크 왕궁에서는 이제 무척 대중적인 클래식 공연을 만날 수 있다는 점이다. 호프부르크 왕궁은 합스부르크 역대 왕조가 머물렀던 곳으로, 프란츠 요제프 황제 부부의 거처와 시시 박물관 등이 있어 많은 관광객들이 찾는다. 나도 뮤지컬 〈엘리자베트〉를 관람한 다음 날 호프부르크 왕궁을 찾았다.

이곳에는 여러 개의 콘서트홀이 있는데, 5월에서 10월 사이에 빈 호프부르크 오케스트라의 연주회를 감상할 수 있다. 이 공연은 모차르트와 요한 슈트라우스 등 오스트리아를 대표하는 음악가들의 곡으로 꾸며지

공연을 보러 떠나는 유럽

며, 90분 동안 귀에 익숙한 곡들이 이어지고 오페라 아리아를 열창하는 성악가들의 무대 매너도 화려하다. 가족이 함께 오거나 가벼운 마음으로 클래식 연주를 접하고 싶다면 시간이나 가격 면에서 제격이다. 특히 이 공연은 엄숙하지 않다. 호른 연주자가 갑자기 장총을 쏘는가 하면, 지휘자와 바이올린 연주자가 다투기도 한다. 나이 지긋한 연주자들이 노련한 연주 사이사이 보여주는 익살스러운 모습에 근엄한 음악 홀에, 아니 엄격한 왕궁에 웃음꽃이 퍼진다. 문득 전날 봤던 뮤지컬 〈엘리자베트〉가 떠올랐다. 그 시절 이 왕궁 안에 요런 재치가 있었다면 엘리자베트는 덜 외로웠을까?

내가 좋아하는 클림트

빈에서는 'something to do', 즐길 거리가 넘쳐나기 때문에 꼭 하고 싶은 것을 미리 정하고 시간을 잘 배분하는 것이 중요하다. 아침부터 세찬 비가 쏟아지고 있기에 바로 벨베데레 궁전으로 이동했다. 벨베데레 Belvedere는 '전망 좋은 방'이라는 뜻으로, 사보이 왕가의 프린츠 오이겐이 사용한 바로크 양식의 여름 별궁이다. 완만한 언덕에 자리한 프랑스식 정원을 중심으로 상궁과 하궁으로 나누어져 있고, 상궁에 구스타프 클림트, 에곤 실레 등 19~20세기 오스트리아를 대표하는 화가들의 작품이 전시돼 있다. 가장 인기 있는 곳은 역시 클림트의 그림이 있는 특별실이다. 들어서자마자 어둠 속에 눈이 아프도록 화사한 그림들이 쏟아진다.

클림트의 그림을 감상할 수 있는 벨베데레 궁전

2009년 서울 예술의 전당 한가람미술관에서 처음으로 클림트전이 개최됐을 때 〈유디트 Ⅰ〉 앞에 서 있던 인파를 잊을 수가 없다. 사실 그때는 클림트의 유명세와 화려하고 아름다운 색채에만 눈이 갔다. 그런데 자세히 들여다보면 온통 황금빛 나체, 에로틱한 자세로 뒤엉킨 남녀들이다. 〈온 세계에 보내는 입맞춤〉, 〈아담과 이브〉, 〈물뱀〉, 그리고 관능적인 표정의 〈유디트 Ⅰ〉까지. 왜일까? 유디트가 이렇게 느슨하게 눈을 감고, 농염하게 입술을 벌리고 있는 게 이제야 보인다.

한쪽 벽면을 차지하고 있는 〈키스〉는 압도적인 크기와 색감에 두 번 놀라게 되는데, 가로 세로 1.8미터를 채운 몽롱한 황금빛은 입맞춤에 빠져든 남녀의 환각 상태처럼 비현실적이다. 꽃밭에 앉아 서로에게 몸을 기댄 채 바깥 세상이야 어찌 굴러가든 완벽하게 정신을 놓은 남녀. 세상과는 단절된 이 빛나는 몽롱함 때문에 사람들은 그토록 애타게 사랑을 갈구하는 것일까?

공연을 보러 떠나는 유럽

구스타프 클림트는 대외적으로는 빈 분리파 의 창시자이고, 회화와 건축의 결합을 시도한 토털 아트의 대가였지만, 안으로는 평생 '내밀한 사랑'에 집중해왔다. 벨베데레에서는 〈모자와 깃털 목도리를 한 여인〉, 〈소냐 닙스〉, 〈프리차 리틀러〉 같은 초상화도 볼 수 있는데,

'여인을 위한 화가', '여인의 마음을 그리는 화가'라는 수식어가 붙을 정도로 클림트는 여인을 대상으로 많은 초상화와 드로잉을 남겼다. 특히 드로잉을 보면 상당히 외설적인 포즈가 많아서 당시에는 포르노그러피냐, 아니면 관능의 예술적 승화냐 하며 말이 많았다. 클림트는 평생 독신으로 살았지만, 자신의 모델이 된 여성과 반드시 잠자리를 함께했다는 얘기가 있을 정도로 여성 편력이 심했다. 55세에 뇌출혈로 사망했을 때 유산 상속을 요구하는 사생아가 무려 열네 명이었다는 말도 있다.

클림트는 포르노와 예술의 아

클림트의 〈유디트 I〉

슬아슬한 경계를 걸으며 사랑과 성적 판타지라는 간극도 넘나들었던 게 아닐까? 그래서 우리는 그의 그림에 매료되는 것인지도 모르겠다. 누구에게나 사랑의 숭고함과 내밀한 판타지가 공존할 테니까. 그러고 보면 사람은 참 이중적이다.

내가 좋아하는 빈 음악축제

800년의 역사를 자랑하는 슈테판 대성당을 찾았다. 모차르트의 결혼식과 장례식이 치러진 곳이다. 특이한 모자이크 지붕과 고딕 양식의 섬세함에 빠져 내리는 폭우에도 입을 벌리고 성당 둘레를 돌고 있는데, 연미복에 가발까지, 과거 음악가 차림의 호객꾼들이 연신 따라 붙는다. 여기는 성당이지만 멋진 클래식 공연이 펼쳐질 때가 많다. 빈의 공연장 주변에는 이렇게 공식적으로 호객 행위를 하는 사람이 있는데 연미복을 입었다면 공식, 사복이면 암표상, 특별히 보고 싶은 공연이 있다면 인터넷으로 예매하는 것이 좋지만, 도대체 무엇을 봐야 할지 모르겠다면 어떤 공연을 소개할 호객꾼을 만날지 그날의 운에 맡겨보는 것도 좋다.

'음악의 도시'라는 수식어가 가장 잘 어울리는 도시답게 빈은 하이든, 모차르트, 베토벤, 요한 슈트라우스, 슈베르트, 브람스, 말러, 쇤베르크 등 클래식 음악의 거장들이 활약했던 곳이다. 덕분에 빈은 1년 내내 각종 음악축제가 끊이지 않는다. 5월에는 빈 봄 축제가 열리고, 앞서 3월 말에는 정통 델타 블루스에서 록, 소울, R&B 등을 즐길 수 있는 '빈 블

모차르트의 결혼식과 장례식이 치러진 슈테판 대성당

루스 스프링', 여름에는 '오페라 축제'가 유명하다. 여름에 빼놓을 수 없는 또 하나의 축제는 밤마다 시청사 앞에서 펼쳐지는 '뮤직 필름 페스티벌'이다. 오페라, 발레, 클래식 연주는 물론이고 팝, 재즈, 록 콘서트까지 대형 스크린을 통해 무료로 즐길 수 있다.

특히 5월 말에서 6월 초 사이에는 쉰브룬 궁전 뜰에서 열리는 빈 필하모니 오케스트라의 연주회를 보기 위해 세계의 음악 팬들이 모여든다. 이른바 오픈 에어 콘서트, 심지어 공짜다. 나도 이 공연을 보려고 일부러 5월 말에 빈을 찾았다. 그런데 아침부터 비바람이 몰아쳤다. 카페에서 따뜻한 커피와 달달한 케이크로 몸을 녹이고 있지만, 이 정도 추위면 겨울 코트를 껴입어도 30분도 못 버틸 것 같았다. 저녁 6시, 나는 마음의 준비를 해야 했다. 내일도 비 소식이 있으니 공연을 연기하기는 힘들 테

시청사 앞에서 열리는 뮤직 필름 페스티벌

고, 강행한다면 이 비바람 속에 볼 것인지 말 것인지 말이다. 이런 게 여행의 묘미라지만, 그래서 여행은 인생과 닮았다지만, 참 마음대로 되는 게 없다. 이 야외공연을 보겠다고 훨씬 안락한 루트를 포기하고 무리하게 빈까지 왔는데 하필 폭우라니!

"한 시간 늦춰서 저녁 9시에 시작한대."

와이파이를 이용할 수 없는 카페인지라 직원에게 미리 도움을 청해두었다. 그런데 뉴스가 나오자마자 알려주는 카페 직원도 '너 갈 수 있겠어?' 하는 표정이다. 강행한다고? 이 날씨에? 취소된 것도 아니고 공연을 한다는데 왜 이렇게 암담할까? 아마도 이미 관람을 포기했기 때문일 것이다. 하루 종일 내린 비로 운동화는 젖어 있고, 나에게는 앞으로도 두 달의 투어가 남아 있다. 그래, 내 몫이 아니라면 과감히 놓아버리는 결단력도 필요하다! 생각은 이런데, 딸기 케이크는 왜 이렇게 쓸까?

내가 좋아하는 카페

며칠째 비바람에 맞섰더니 몸이 무겁다. 볼 건 많은데 날씨와 몸이 따라주지 않는 안타까운 상황이다. 트램을 타고 정처 없이 링 <u>19세기 후반 구시가의 성벽을 철거하고 만든 환상대로다. 이 링을 따라 국립 오페라하우스와 미술관, 국회의사당, 시청사 등 빈의 주요 관광 명소가 들어서 있는데, 1번이나 2번 트램을 타면 링을 순환하면서 명소들을 둘러볼 수 있다. 내리지 않으면 25분 정도 걸린다</u>을 돌고 있다. '여기까지 왔는데(언제 또 올지 모르잖아), 어떻게 왔는데(사표 내고 왔다고!)'를 생각하면 그럼에도 불구하고 열심히 돌아다녀야 하지만, 다행히도 차단기가 작동했다.

나는 왜 떠나왔는가? 무작정 쓸려가고 싶지 않았다. 이미 오랜 시간을 내 의지와 달리 살아왔다. 지금이라도 멈춰 서서 내 마음을 찬찬히 들여다보고 싶었다. 조금 뒤처지더라도, 어쩌면 일반적인 궤도에 다시 들어서지 못하더라도, 이유도 의미도 모른 채 그렇게 쓸려가고 싶지 않았다. 그런데 떠나온 이곳에서도 나는 발을 동동 구르고 있다. 열심히 부지런히, 남들 하는 건 다 해봐야 한다고! 정말이지 습관이 무섭다. 그래서 트램에서 내려서는 명소가 아니라 카페를 찾았다. 뜨겁고 진한 커피 한 잔, 지금 내 마음이 가장 원하는 것이다. 가이드북에 있는 유명인이 즐겨 찾았다는 몇 백 년 된 카페도 아니다. 그저 발길이 닿는 곳, 눈길이 가는 곳을 선택한다.

다행히 지금껏 오스트리아에서 마신 그 어떤 커피도 흡족하지 않은 것이 없었다. 사실 오스트리아, 특히 빈만큼 카페가 유명한 곳이 있을까? 빈에는 1685년 황제에게 인가를 받아 처음 카페가 들어섰다고 하니까 무려 300년 이상의 역사를 가진 셈이다. 19세기 초 빈의 카페는 예술가와 문인이 모여드는 명소였다고 한다. 한 잔의 커피를 앞에 둔 채 원고를 쓰고 토론을 하고, 그렇게 예술을 논하고 인생을 얘기했겠지?

요즘 유럽에서는 커피를 기부하는 문화가 확산되고 있다. 노숙자나 형편이 어려운 사람을 위해 커피 값을 치를 때 2인분을 계산하는 것이다. 누구에게나 커피 한 잔을 마시며 쉬어갈 권리는 있다는 취지인데, 참 '유럽스럽다'는 생각이 든다. '커피 한 잔의 인권'은 이렇게 오랜 카페 문화가 있기에 거부감 없이 받아들여질 수 있는 것 같다.

공연을 보러 떠나는 유럽

빈 하면 빼놓을 수 없는 카페 먹거리

나도 여행자로서 커피 한 잔의 여유를 누려보려는데, 정통 카페 메뉴에는 생소한 커피 이름이 많다. 우리가 흔히 알고 있는 이탈리아 커피와는 이름도 맛도 사뭇 다르다. 흔히들 떠올리는 비엔나커피가 빈의 카페에는 없다. 모양으로는 멜랑주가 비슷한데 맛은 아인슈페너가 가깝다. 오스트리아에서는 커피에 따라 달라지는 잔을 보는 것도 큰 재미다. 벨기에의 맥주잔처럼.

내가 좋아하는 오페라하우스

공연을 좋아하는 사람들에게 각 도시의 오페라하우스는 성지와도 같다. 공연장에 들어서기만 하면 입이 귀에 걸리는 나에게도 세계적으로

빈의 상징, 국립 오페라하우스

유명한 빈 국립 오페라하우스에 입성하는 것은 무척이나 설레는 경험이었다. 내가 빈을 찾았을 때는 오페라 〈카르멘〉과 발레 〈돈키호테〉가 교대로 공연되고 있었는데, 날씨 때문에 쉰브룬 궁전 공연이 연기될 수도 있어 티켓을 예매해둘 수 없는 상황이었다. 오페라하우스 앞에 가니 역시나 연미복을 입은 청년이 다가왔다.

"어쩌지? 오늘 공연은 모두 팔렸어."

"정말? 안 되는데, 오늘 꼭 봐야 해."

"우리가 구해줄 수는 없어. 원한다면 다른 사람을 소개해줄게."

그는 사복을 입은 남자한테 나를 데려갔다. 그런데 이 암표상이 허무맹랑한 가격을 부르는 게 아닌가. 내가 빈에서만 본 공연이 몇 편인데,

그 가격에는 사지 않겠다고 맞섰다. 하지만 속으로는 오늘 꼭 오페라하우스 공연을 보고 싶었기 때문에 쉽게 돌아설 수도 없었다. 실랑이를 벌이는 모습이 재미있는지 연미복 청년이 계속 보고 있었다.

"내가 제안 하나 할까? 오늘 저녁은 나랑 맥주 한잔하고 내일 공연을 보는 게 어때?"

이건 또 무슨 뜬금없는 소리인가? 여행 중에 공연만 보지 말고 불타는 로맨스도 만들어보라던 친구들의 말이 들리는 듯했지만, 나는 다음 날 새벽 이탈리아 베로나행 기차를 타야 했다.

"멋진 제안이지만 안 될 것 같아."

"곧 일이 끝나. 내가 맛있는 맥주 사줄게!"

"미안해, 나는 오늘 밤 오페라하우스에서 공연을 봐야 해."

"거절하는 거야?"

자세히 보니 나보다 얼굴이 하나 더 있는 날씬한 이 청년에게는 연미복보다 군복이 잘 어울릴 것 같다. 한참 나를 내려다보던 청년이 싱긋 웃더니 다시 그 남자랑 잘 흥정해보란다. 공연 시간이 임박했으니 그 사람도 티켓을 팔아야 할 거라고. 다행히 처음보다 반값에 샀고(하지만 원래 가격의 두 배), 서둘러 공연장 입구로 달려갔다.

"티켓 샀어? 공연 잘 보고, 다음에 만나면 꼭 맥주 마시는 거다!"

"그럴게, 고마워!"

아직도 추위에 떨고 있는 나와 달리, 자리를 찾아가는 내내 화려한 드레스와 수트를 말끔하게 차려입은 관객들의 모습이 보인다. 그리고 그 옷차림이 딱 어울린다 싶을 정도로 오페라하우스는 웅장하고 화려하다.

화려함의 극치, 빈 국립 오페라하우스 객석

네오르네상스 양식으로 지어진 빈 국립 오페라하우스는 1869년 개관 기념으로 모차르트의 〈돈 조반니〉를 초연했고, 구스타프 말러, 리하르트 슈트라우스, 헤르베르트 폰 카라얀 등이 음악감독을 맡으며 그 명성을 온 세상에 알렸다. 총 2천 2백여 석 규모로 유럽에서는 가장 큰 공연장인데, 시즌이 끝나는 7~8월을 제외하고 해마다 3백 회 이상의 오페라와 발레가 무대에 오른다.

황금 띠를 두른 각 층의 발코니를 바라보고 있자니 마음이 벅차올라 괜히 옆 사람들에게 사진을 찍어주겠다고 자처하고 나섰다(그러면 상대방도 자연스레 내 사진을 찍어준다). 최고의 시설과 음향을 자랑하는 오페라하우스지만 이곳 역시 말굽 형태로 되어 있어 무대 좌우측 발코니 석

발레 〈돈키호테 Don Quixote〉

안무: 마리우스 프티파 Marius Petipa

음악: 루트비히 민쿠스 Ludwig Minkus

초연: 1896년 러시아 황실 발레단

시놉시스 및 관람 포인트: 세르반테스의 동명 소설을 발레로 만든 작품이다. 하지만 발레에서는 여인숙 주인의 딸 키트리와 그녀의 연인인 이발사 바실이 주인공이고, 돈키호테와 산초판자는 그들의 사랑을 연결해주는 조력자로 등장한다. 키트리는 아버지 로렌조가 자신을 부자 가만체와 결혼시키려 하자 바실과 함께 도망친다. 눈치 없는 산초판자가 로렌조와 가만체에게 두 연인의 은신처를 알려주자 바실은 위장으로 자살한다. 돈키호테는 비록 한 사람은 죽었지만 두 연인은 결합할 수 있다며 키트리와 결혼식을 올리게 하는데, 이때 죽은 척했던 바실이 벌떡 일어나 결혼은 기정사실로 굳어진다.

프랑스 출신 안무가 프티파가 러시아 황실 발레단의 마스터로 있을 때 만들었으며, 스페인의 열정과 풍부한 색감을 화려한 테크닉의 안무로 담아냈다. 3막의 결혼 피로연 장면에서 남녀 주인공이 화려한 발레 기교를 보여주는 그랑파드되는 압권이다.

은 시야 제한이 있다. 체력이 허락한다면 무대 맞은편 1층에 있는 스탠딩 석을 놓치지 말자. 시야 제한 없이 무대를 온전히 볼 수 있는 명당으로, 가격은 10유로 정도다. 공연 90분 전부터 선착순 판매한다. 그리고 극장 옆면에는 대형 스크린이 설치돼 그날의 공연을 실시간으로 보여주

오페라하우스 밖에서 즐기는 스크린 공연

기 때문에 미처 공연장에 들어가지 못했다면 빈의 밤바람을 맞으며 공연을 감상하는 것도 한 방법이다.

그리고 보면 유럽의 많은 나라들은 참 다채로운 방법으로 공연장을 오픈한다. 무대가 잘 보이지 않거나 공연 내내 서서 봐야 하는 불편함이 있지만, 가난한 여행객이나 학생은 2만 원 안팎의 돈으로 어떤 식으로든 공연을 접할 수 있다.

다시 오고 싶은 빈

    밤이 깊었지만 오페라하우스에서 나와 슈테판 성당까지 걸어본다. 이 구간이 케른트너 거리인데, 빈에 오면 여러 번 걷게 될 사랑스럽고 고풍스러운 길이다. 상점들은 대부분 문을 닫았지만 빈의 정취를 만끽할 수 있는 브랜드숍과 기념품 가게, 레스토랑과 카페가 내일이면 떠날 나에게 인사를 하는 것 같다. 아까 연미복 청년을 따라갔으면 이 거리 어딘가 젊은이들이 가득한 펍에서 함께 맥주잔을 기울이고 있겠지? 오스트리아라면 할 얘기도 많은데, 조금 아쉬운 마음이 밀려온다.

빈의 다양함을 만끽할 수 있는 케른트너 거리

빈에 머무는 동안 대부분 날씨가 몹시 궂었는데도 마음은 참 따뜻하다. 프라하에서 빈으로 건너와서일까? 버스로 네 시간 거리인데도 여유가 느껴진다. (내가 마주친 프라하가 유독 그랬겠지만) 곤궁함에 허리띠를 바짝 졸라매고 있다가 형편이 나아진 느낌이랄까? 체제가 사람과 문화에 어떤 영향을 미쳤는지를 네 시간 만에 확인할 수 있다는 게 신기할 정도다. 사람들의 산뜻한 표정과 매너, 여유가 느껴지는 무대, 클림트의 화려한 그림과 훈데르트바서의 자유분방한 건축물, 도시 곳곳에 스며 있는 음악가들의 흔적, 길모퉁이마다 흘러나오는 음악, 향긋한 커피와 달콤한 초콜릿……. 매력 덩어리 빈에 홀라당 빠질 뻔했는데 날씨 때문에 겨우 마음을 추스르고 떠난다. 하지만 다시 올 수밖에 없겠지?!

Barcelona

꾀를
부려보다

● 바르셀로나 ●

산티아고, 축구, 와인, 소음, 시에스타, 열정, 스테팡. '스페인' 하면 생
각나는 단어들이다. 아, 스테팡이 뭐냐고? 런던에 머물 때 공연과 관련
해 공부를 해보고 싶다는 생각에 아이엘츠 <u>IELTS, 영국 대학원 진학을 위해 필요한
영어시험</u>를 준비한 적이 있는데, 그 시험 준비반에서 항상 내 옆에 앉았던
스페인 남학생이다. 안토니오 반데라스처럼 선이 굵고 기름지게 생겼는
데, 튀는 외모인 데다 스스로 머리부터 발끝까지 신경 쓰고 다니는 게 느
껴질 정도로 깔끔한 스타일이라 눈여겨보았다. 나는 물에서 갓 헹궈낸

듯 말끔한 스타일을 좋아하는데, 사람들은 그런 스타일을 느끼하다고
말하니, 둘의 완벽한 조화였는지도 모르겠다. 아무튼 이 녀석이 내 관심
의 냄새를 맡았는지, 수업 때면 한 팔을 내 의자에 걸쳐놓은 채 약간 비
스듬히 앉아서는 짙은 눈매로 끔벅끔벅 나를 쳐다보곤 했다. 그러다 눈
이 마주치면 어찌나 그윽하게 미소를 짓는지 한동안은 정신이 혼미했을
정도다. 이런 선수 같으니라고.

스테팡 덕분에 스페인으로 날아가다

　스테팡은 스페인에서 IT 관련 사업을 하다 대학원 때문에 런던에 왔
다는데, 작문 시험이라도 볼 때면 일찌감치 끝내놓고 또 나를 쳐다보는
것이다. "도와줄까?" 아, 저 능글맞은 미소. 갱년기도 아닌 나는 시시때
때로 땀이 날 정도였다. 하지만 스테팡은 공공연히 섹시한 여성을 좋아
한다고 말했기 때문에 섹시함보다는 폐쇄 수도원 수녀의 삶에 가까운
나는 다시 마음의 평화를 찾을 수 있었다.
　"스스로 섹시하다고 생각해?"
　"아니, 전혀." 덕분에 그의 장난 같은 관심을 자양분으로 수업을 즐기
게 됐다. 우리는 대부분 나란히 앉았기 때문에 토론 수업 때면 자연스레
개인적인 이야기를 나누게 됐는데, 스테팡 역시 반데라스의 고향인 말
라가 출신이었다.
　"스페인에 가봤어?"

"아니, 아직."

"말도 안 돼. 멋진 곳이 얼마나 많은데." 너도 한국에 안 와봤잖아!

"나는 축제에 관심이 많다 보니, 스페인은 자꾸 순위에서 밀리게 돼."

"스페인에도 유명한 축제가 많아."

그래, 거리에서 맨몸으로 황소 몰기_{산페르민 페스티벌, 팜플로나}, 인간 탑 쌓기_{메르세 페스티벌, 바르셀로나}, 토마토 던지기_{토마토 페스티벌, 부놀}…… 항상 몇 명이 다치거나 죽었다는 기사와 함께 소개되곤 하지.

"나는 공연예술에 관심이 많거든. 음악이나 춤 말이야."

"말라가 주변 세비야, 그라나다에서도 국제적인 예술제가 열린다고. 화끈한 페스티벌에 가고 싶다면 바르셀로나에서 열리는 소나르가 제격이고."

맞다, 소나르! 요즘 전자음악에 관심 있는 친구들이 가고 싶다고 앞다퉈 말하는 소나르 페스티벌! 그렇잖아도 바르셀로나는 스페인 제1의 관광 도시이니 여행지로도 안성맞춤이었다.

지중해를 끼고 있는 천혜의 자연환경과 풍부한 해산물, 독특한 건축물 덕분에 많은 관광객들이 스페인을 찾지만, 사실 유럽 내에서 스페인 사람들은 다소 게으르고, 목소리 톤이 높아 시끄럽고, 파티를 좋아하는 민족으로 통한다. 유럽의 한 통계에서는 가장 소음도가 높은 도시로 마드리드가 꼽히기도 했고, 밤 10시에 저녁을 먹으며 밤새 파티를 이어가는, 그래서 낮잠_{시에스타}이 필요하다고 자랑스레 말하는 그들을 두고 '파티광_{party animal}'이라 부르기도 한다. 스페인 저가항공인 뷰엘링을 탄다면 여느 기내와 달리 승객들과 끊임없이 대화를 나누는 승무원의 모습도 발견할 수 있을 것이다. 무적함대를 이끌던 과거 에스파냐 선조들이 알면 뒷목을 잡고 쓰러질 정도로 현재 심각한 경제위기를 겪고 있지만, 그들의 당당함과 낙천적인 유전자는 어떤 위기에도 눌리지 않는 모양이다.

뒤늦게야 재밌게도 '소나르'라는 단어가 '소리'와 연관이 있음을 알게 됐다. '소나르 Sonar'는 '소리 나다, 울리다, 연주하다'라는 뜻의 스페인어다. '소음'을 뜻하는 '루이도 Ruido'와는 분명한 차이가 있겠지만, 소리에

어디를 가나 네모반듯한 바르셀로나 골목

열정이 더해지면, 특히 그 열정의 테두리 밖에 있는 사람에게는 그것이 소음 아니겠는가. 그래서 피식 웃음이 났다. 이 축제를 제대로 즐기려면 미지근한 내 피를 먼저 뜨겁게 달궈야겠다는 생각이 들었다. 폐쇄 수도원의 수녀가 아니라 섹시한 스페인 여성처럼 말이다.

바르셀로나에서 남자인 친구와 동거?

"남자인 친구가 올 거예요. 그 친구도 여기에서 머물 거고요."

버스터미널이 있는 산츠 역에 가려고 숙소를 나서는데 30대 초반으로 보이는 한국인 민박집 안주인이 다급하게 뒤쫓아와 은밀하게 묻는다.

"저기, 어떻게 방을 하나로 합쳐 드릴까요?"

엥? 이것이 말로만 듣던 합방인가?

"친구라고 말씀드렸는데……."

"아니, 뭐…… 괜찮겠어요?"

"전혀 문제없는데요."

30대 중반에 남자인 친구가 있다는 게 그토록 이상한가? 아니, 남자인 친구를 굳이 바르셀로나에서 만난다는 것이 이상한가?

J는 대학 때부터 알고 지내는 친구다. 봉사를 취지로 만난 열댓 명의 대학생들이 나이 들어 직장을 갖고 가정을 꾸리고, 어쩌다 보니 나와 J만 싱글이고, 그러다 보니 '둘이 잘해보라'는 얘기를 종종 듣지만, 각자의 첫사랑 또는 최근의 사랑까지 낱낱이 알고 있는 우리는 전혀 그럴 마음이 없다. J는 내가 영국에 있을 무렵 인도네시아에서 사진을 공부하다 한국에 들어가기 전 유럽 여행을 하고 있다. 그것도 유럽 대륙을 버스로 이동하는 유로라인 패키지로. 이미 바르셀로나를 거쳐 갔다는데, 이러다가는 끝내 나를 못 만나겠다 싶어 다시 스무 시간 넘게 버스를 타고 바르셀로나에 온단다. J는 '영광인 줄 알아!' 하는 마음일 테고, 나는 '당연한 거 아니야?' 하는 마음이다.

녀석은 앞뒤로 커다란 배낭을 짊어진 채 비쩍 마르고 새카만 모습으로 나타났다. 무슨 생선 가시도 아니고 몰골이 왜 저 모양인지.

"인도네시아에 있을 때부터 못 먹어서 그래. 넌 얼굴 좋다."

"난 영국에서부터 잘 먹어서 그래. 그런데 왜 고생스럽게 버스로 이동하는 거야?"

"이런 여행이 재밌는 거지. 그런데 하도 오래 타니까 토할 것 같긴 하다."

국가를 이동할 때마다 스무 시간 넘게 버스를 타야 한다는데, 나처럼 회사를 그만둔 것도 아니고 휴직한 녀석이 무슨 생고생이냐 싶었다. J는 내가 머물고 있는 평균보다 조금 비싼 민박에 대해서도 불만이다.

"내가 좀 예민해서 아무데서나 못 자니까."

"덜 피곤했구만. 낮에 열심히 돌아다녀봐. 베개에 닿자마자 곯아떨어질걸."

"우리 집안의 지론은 여행은 편하고 빠르게야. 하긴 그래서 뭔가 선택할 때 제약이 많다."

"덜 절실한 거지. 절실하면 어떤 식으로든 하게 돼 있어."

공감 능력 떨어지는 녀석 같으니라고. J는 사교적이고 적극적이고 진취적이고 활동적이고 낙천적이다. 나와는 많이 다르다. 그래서 어떤 일을 할 때 에너지를 얻기도 하지만 세상에 자기 같은 사람만 있는 줄 알아서 걱정거리를 나눌 때는 속이 터진다.

"몰라, 며칠 편하게 쉰다고 생각하고 너도 그 아파트에서 지내."

그렇게 우리의 동거 아닌 동거가 시작됐다. 서로 다른 두 사람이 무엇을 함께 한다는 것이 꽤 힘들다는 걸 깨달을 수 있는 시간이었다.

바르셀로나 = 가우디?

바르셀로나에 오면 누구나 안토니오 가우디Antonio Gaudi의 흔적을 밟게 될 것이다. 숙소에서 5분 정도 걸었더니 옥수수를 세워놓은 듯한 특이한 건물이 보인다. 사그라다 파밀리아Sagrada Familia 성당. 1883년에 공사가 시작돼 1926년 가우디가 74세의 나이로 세상을 떠날 때까지 작업이 진행됐던 성당은 지금도 공사가 이어지고 있다. 공사가 시작된 지

안(↑ →)과 밖(←) 모두 상상의 한
계를 뛰어넘는 가우디의 사그라다
파밀리아 성당

100년이 훨씬 넘었지만 앞으로도 100년은 더 걸릴 것이라는 얘기도 있
고, 어쩌면 영원히 완성되지 않을 것이라는 예측도 들린다. 가우디는 공
사가 진행되는 동안 현장에 머물며 감독할 정도로 정성을 기울였다고
하는데, 그의 시신이 지하 납골당에 안치돼 있으니 지금도 모든 과정을
지켜보고 있는 셈이다. 전체적으로 독특한 외관은 물론이고, 가까이서
보니 외벽을 가득 메운 섬세한 조각들에 입이 떡 벌어질 지경이다. 그런
데 황토 빛 외관과 달리 아기 피부처럼 뽀얀 성당 내부에 들어서면 상상

밖의 디자인에 마치 타임머신을 타고 미래로 이동한 것 같다. 지금을 살아가는 우리가 100년 전에 짓기 시작한 성당에서 100년 후의 성당을 만나는 신비로운 체험이랄까? 그런데 다들 천장만 올려다보느라 미사에 집중할 수는 없을 것 같다.

가르시아 거리로 나가면 굳이 노력하지 않아도 발을 멈추게 만드는 독특한 건물이 있는데, 해골 모양의 발코니가 카사바트요 Casa Batllo, 초코 고명을 얹은 듯한 발코니가 카사밀라 Casa Mila다. 모두 가우디가 만든 공동주택인데, 지금의 빌라 정도라고 생각하면 되겠다.

특히 카사밀라의 옥상에 올라가면 외계인 같기도 하고 중세 기사의 투구 같기도 한 굴뚝들이 가우디의 독창성을 다시 한 번 보여주며, 중앙에 뻥 뚫린 곳으로 건물 전체를 내려다보면 다른 건축물에서는 볼 수 없는 곡선의 부드러움과 역동성이 꿈틀거린다.

바르셀로나가 한눈에 내려다보이는 구엘 Guel 공원 역시 가우디의 남다름을 엿볼 수 있는 공간이다. 야자나무처럼 생

가우디의 카사바트요

공연을 보러 떠나는 유럽

가우디의 카사밀라

가우디의 카사밀라 옥상

긴 돌기둥 길, 오색찬란한 타일로 만들어진 의자, 동화책에서 튀어나온 듯한 경비실은 바르셀로나의 따사로운 자연과 어루어져 잠시 딴 세상에 와 있는 기분이다. 그 옛날에 이 건축가의 머릿속에는 무엇이 그려지고 있었던 걸까?

바르셀로나의 멋은 여기에서 그치지 않는다. 지중해로 둘러싸인 바르셀로나는 도심 어디에서나 걸어서 30~40분이면 아름다운 해변에 닿을 수 있다. 쏟아지는 햇살, 출렁이는 물결, 반짝이는 모래사장, 조각 같은 돛단배, 여기저기 엎드려 있는 나른한 청춘들.

아무래도 바르셀로나의 공기에는 노곤한 성분이 포함돼 있는 것 같

어디서든 낮잠이 오는 바르셀로나

다. 때때로 벤치에 앉아 캔맥주라도 마실라 치면 맥주 캔을 부여잡은 손
가락에서 힘이 빠지고 자꾸만 잠이 몰려온다. 내가 바르셀로나에서 가
장 좋아하게 된 것은 인도에 있는 벤치다. 이곳의 네모반듯하고 널찍한
인도에는(실제로 차도보다 넓은 곳이 많고, 중앙에 있는 인도가 중앙선을 대
신하기도 한다) 곳곳에 벤치가 있고 울창한 나무들이 자리하고 있다. 스
페인의 여름은 뜨겁다. 그런데 벤치 위로 솟은 높다란 나무들이 뜨거운
햇빛을 완벽하게 차단해주어 지친 여행객들의 발걸음을 쉬게 해준다.
뜨거움을 포근함으로 희석시킨 미풍이 불어오고, 가끔 흔들리는 나뭇가
지 사이로 반짝이는 햇살이라도 쏟아지면 그대로 드러눕고 싶어진다.
나는 종종 그 유혹을 이기지 못하고 신종 소매치기가 성행한다는 바르
셀로나의 벤치에 앉아 꾸벅꾸벅 졸았고, 뒤로 고개가 꺾이고서야 겨우
눈을 떴다.

J와 나는 이것들을 함께, 때로는 각자 경험했다. 어떨 때는 함께여서
좋았고(한 사람이 줄을 서고 한 사람이 아이스크림을 사올 수 있어서 좋았고,
외롭지 않았고, 밤길이 무섭지 않았고……), 어떨 때는 함께여서 번거로웠다
(혼자 멍하니 있고 싶을 때가 있었고, 여러 면에서 취향이 맞지 않을 때가 있었
고, 보폭만큼이나 체력도 맞지 않았고……). 30대 중반이었고 단 며칠의 동
행이었기에 우리는 어느 정도 서로를 배려하고 맞춰줄 수 있었다고 생
각한다. 다행히 둘 다 공연예술을 즐겼기에 많은 시간을 공연장에서 보
낼 수 있었고 말이다.

너무 정직한 건 재미없다

먼저 찾아간 곳은 카탈루냐 음악당. 리세우 오페라하우스가 지금의 바르셀로나를 대표하는 공연장이라면 카탈루냐 음악당은 좀 더 토속적인 바르셀로나를 상징한다고 할까. 역사적으로 스페인의 동북쪽에 있는 카탈루냐 지방은 마드리드를 중심으로 한 중서부와는 다른 독자적인 언어와 문화를 지켜왔다. 그 중심에 바르셀로나가 있다. 독립을 생각하고 있는 카탈루냐 사람들에게 이곳은 마치 그들만의 고유한 의식을 지켜가는 전당 같다. 실제로 사방이 꽃과 등으로 화려하고 섬세하게 장식된 음악당은 여느 오페라하우스와는 다른 느낌이다. 부자 할머니 집에 온 듯하다.

그날은 스페니시 기타 연주회인데 앞장서던 J는 1층 발코니 석에 앉았다. "이 가격에 그 자리는 아닐 것 같은데." 매사에 도덕적 우월감을 과시하는 나는 애써 직원을 찾아 물었다. 그는 2층이라 알려주며 "그 자리에 사람이 없으면 앉아도 될 것 같은데"라는 말을 덧붙였다. 무슨 소리! 나는 친히 J를 이끌고 2층으로 올라가 지정된 자리에 앉았다.

공연이 시작되었다. 기타리스트는 크기도 제각각인 여러 대의 기타를 번갈아 연주하면서 곡마다 영어로 설명까지 덧붙였다. 게다가 스페인에 오면 꼭 들어야 할 것 같은 〈알함브라 궁전의 추억〉도 연주해서 개인적으로는 만족스러운 무대였다. 그런데 풍성한 마음과 달리 눈은 자꾸만 비어 있는 1층 발코니 석으로 갔다. J가 내 시선을 눈치채고 "그냥 거기 앉을 걸 그랬지?" 하고 말했다.

바르셀로나의 전통미가 느껴지는 카탈루냐 음악당

"내가 필요 이상으로 정직한가?"

"가끔은."

"그렇군."

다음 날 지금의 바르셀로나를 느낄 수 있는 화끈하고 감각적인 축제의 현장으로 이동했다. 나를 바르셀로나로 오게 만든 소나르 페스티벌. 몇몇 문예지에 유럽 축제 관련 칼럼을 쓰고 있던 나는 이미 프레스를 신청해서 티켓을 구했다. 하지만 J는 티켓이 없었기 때문에 우리는 모험을 해야만 했다. 아니, 필요 이상의 도덕적 우월감을 적당한 수준으로 낮추는 나만의 도전이라는 말이 맞겠다. 우리는 페스티벌 고어들의 긴 줄

을 사뿐히 즈려 밟고 프레스를 등록하는 짧은 줄로 빠져나
갔다. 먼저 등록을 마친 나는 세상에 다시없을 선량한 눈빛으로 상황을
설명했다.

"나와 동행한 카메라 기자인데, 어찌된 일인지 신청에서 누락됐어."

"프레스 신청 기한이 지났기 때문에 우리도 어쩔 수 없어."

"알아. 하지만 나는 기사를 써야 하고, 그러려면 사진이 필요한데 어떡
하지?"

담당자와 책임자로 보이는 남녀는 우리를 번갈아 보며 이야기를 나누

뮤직 페스티벌에 술이 빠질 수 있나?! – 소나르 페스티벌 현장의 모습

공연을 보러 떠나는 유럽

었다. 다행히 키 182센티미터의 J는 누가 봐도 은행원이나 변호사쯤으로 생각하기는 힘든 자유분방한 차림에 야외 촬영을 많이 한 듯 새까맣고 사진을 공부하던 끝이라 꽤 좋은 장비의 카메라까지 들고 있었다. '꼬레아노' 어쩌구 하는 소리가 들린다. 멀리 한국에서 왔으니 봐주자, 뭐 이런 얘기면 좋겠다.

"좋아, 이번만 특별히 봐줄게."

"와우, 정말 고마워!"

J와 나는 회심의 미소를 나누었다. 그래, 너무 똑바로 사는 건 재미없다.

들어는 봤어? 소나르 페스티벌이라고?

소나르는 1994년부터 시작돼 2013년 20회를 맞은 멀티미디어 예술 축제다. 음악제와 전시회로 나뉘었던 과거와 달리 지금은 'Festival of Advanced Music and New Media Art'라는 부제답게 일렉트로닉으로 대표되는 각종 소리와 미디어 아트가 융합된 혁신적인 퍼포먼스를 선사한다. 현재로서는 이 페스티벌을 적당히 설명할 말이 없는 것 같다. 그만큼 기존 장르의 벽을 허물고 다른 매체를 흡수하는 새로운 형태의 축제다. 뉴미디어와 접목된 색다른 감각의 음악축제라고 할까? 실험적이고 깨어 있는 음악으로 대중과 교감하는 축제의 장답게 전 세계에서 가장 급진적인 뮤지션들은 물론 케미컬 브라더스, 펫숍보이스, 메시브 어택 등

여전히 건재한 펫숍보이스

인기 스타들이 대거 참여한다.

매해 6월 바르셀로나 공연에 앞서 세계 각지에서 사이드 축제를 마련하는데, 지난 2006년에는 '소나르 사운드 서울Sonar Sound Seoul'이라는 이름으로 예술의 전당에서 개최되었다. 사흘 동안 진행되는 페스티벌은 특이하게 밤낮의 축제 장소가 다른데, 화끈한 라이브와 공연장 못지않게 많은 공간이 새로운 미디어 아트를 접할 수 있는 공간으로 꾸며진다. 참여자들은 유명 뮤지션들과 직접 대화를 나눌 수 있고, 함께 소리를 만

공연을 보러 떠나는 유럽

달라도 확실히 다른 소나르 페스티벌

들고 편집하고 재창조하는 특별한 체험도 할 수 있다.

축제의 성격이 아직 애매하다면 페스티벌에서 만난 룩셈부르크 출신 피아니스트 프란체스코 트리스타노 Francesco Tristano 의 무대를 살펴보자. 2013년 6월 서울 LG아트센터에서도 공연을 했던 그는 러시아 국립 오케스트라, 프랑스 릴 국립 오케스트라 등과 협연할 정도로 실력을 인정받는 정통 클래식 피아니스트다. 그런데 오늘은 연미복과 그랜드 피아노를 떨쳐버리고 헐렁한 티셔츠에 목걸이를 걸친 파격적인 도습으로 신

바르셀로나

정통 클래식에서 클럽 음악까지 장르를 넘나드는 피아니스트, 프란체스코 트리스타노

시사이저 앞에 섰다. 그는 연주 홀과 클럽, 재즈 페스티벌을 넘나들며 시대와 장르, 스타일을 마음껏 충돌시키고 결합하는 뮤지션으로 유명한데, 초반에는 엄숙했던 이곳도 현란한 일렉트로닉 연주가 이어지면서 순식간에 클럽처럼 바뀌었다. 바흐가 이렇게 연주될 수 있다니! 일어서지 않을 수가 없고 춤을 추지 않을 수가 없다. 모두가 자리를 박차고 일어나 뜨거운 환호와 춤으로 트리스타노의 화려한 연주에 화답한다(취재는 무슨, J와 나도 심하게 리듬을 타본다).

소나르에는 신예 뮤지션들만 있는 것은 아니다. 1990년대 일렉트로니카 부흥기를 이끌었던 펫숍보이스 Pet Shop Boys는 이번 페스티벌 헤드라이너록 페스티벌에서 가장 메인이자 관객들의 기대가 집중되는 팀 가운데 한 팀이었다.

1986년에 데뷔해 30년 가까이 활동하고 있는 원로 그룹이고, 보컬인 닐 테넌트 Neil Tennant 는 60대지만, 그들의 음악은 여전히 앞서 있다. 게다가 현란한 영상, 미디어 아트와 더해진 펫숍보이스의 무대는 '보는 음악'이 훨씬 감각적임을 증명이라도 하듯 바르셀로나에 모인 청춘들을 뜨겁게 달군다. 공연이 예정돼 있는 '랩톱 Lab Top 오케스트라'나 '컴퓨터 밴드' 등은 그룹 이름만 들어도 멀티 미디어적인 냄새가 물씬 풍긴다.

하지만 페스티벌을 즐기는 모습은 여느 축제와 다름이 없다. 저녁 7시에도 한낮처럼 햇살이 쨍쨍한 실외 스테이지에서는 신나는 디제잉에 맞춰 춤을 추는 사람들, 그 사람들 틈에서 용케 밟히지 않고 느긋하게 누워 있는 사람들, 공연 스케줄어 맞춰 다른 스테이지로 옮겨가는 사람들로 붐빈다. 물론 술도 빠지지 않는다. 생각해보니 재밌다. 몇 년 전까지만 해도 뮤지션들의 공연을 감히 잔디밭에 누워서, 심지어 술까지 마시며 볼 수 있다고 상상이나 했던가. 최근 국내에서 큰 인기를 얻고 있는 각종 페스티벌이 결국 서양에서 유래한 것을 감안할 때, 그들은 축제의 본고장 주인답게 뼛속 깊이 놀고 즐기는 유전자가 내장된 듯하다. 자유롭고 여유롭게, 그리고 대등하게.

나는 바르셀로나에 있다

페스티벌로 하루 종일 외부 세계와 차단돼 있던 J와 나는 몬주익에서 펼쳐지는 분수 쇼를 보기 위해 다시 바깥 세상으로 나왔다. 여기도 사람

바르셀로

들로 넘쳐난다. 이제 그만 숙소로 돌아가고 싶다.

"일찍 들어가서 할 일 있어? 여기까지 왔는데 언덕 위로 올라가자."

"내일 아침 비행기잖아. 짐도 싸야 하고."

"짐이야 대충 싸면 되지, 잠 덜 자고."

친구니 참지 남자친구가 이렇게 말했으면 관계의 재정비를 심각하게 고민했을 것이다. 내일이면 미지의 도시로 떠나야 하는 나에게는 새로움을 각오하고 체력을 비축할 시간이 필요했다. 하지만 나를 만나기 위해 여기까지 와준 친구이기에 J를 따라 언덕 위로 올라가고 있다.

"신기하긴 하다. 대학 때 우연히 알게 돼서 지금 또 이렇게 바르셀로나에서 만나 몬주익 언덕을 함께 올라가고 있다는 게 말이야."

"그치? 30대의 어느 날을 기억하면 두고두고 하정이랑 바르셀로나가 함께 떠오르겠지."

그런데 앞서 가던 J가 갑자기 비명을 질러댄다. J는 세 명의 여인과 마주섰다. 캐나다에서 온 처자들로 J와는 로마 숙소에서 처음 만났는데, 사실 우리는 며칠 전에도 구엘 공원에서 마주쳤었다.

"세 번씩이나 만나다니, 운명인가 봐!"

네 명의 남녀는 'Destiny 운명'를 연발하며 쉽게 흥분을 가라앉히지 못했다. 하긴 그러기도 하겠다. 아무리 관광지라지만 그래도 이 넓은 세상, 그 수많은 시간 중에 세 번이나 만나다니. 나는 그들의 기분 좋은 들뜸을 담아주고자 사진을 찍어주었다. 그들은 '또 언젠가'를 기약하며 아쉽게 헤어졌다.

카탈루냐 국립미술관까지 올라가 돌계단에 앉으니, 바르셀로나의 근

몬주익 언덕에서 바라본
바르셀로나의 황홀한 야경

사한 야경이 한눈에 들어왔다.

"멋지지? 안 왔으면 후회했겠지?"

"응."

"인연이라는 게 신기하지 않아? 우리가 그냥 돌아가거나 10분만 늦게 왔어도 걔들을 못 만났을 거야."

"그러게, 네가 날 만나겠다고 바르셀로나에 오지 않았다면 이런 우연도 없었을 테고."

스테팡이 내 옆자리에 앉지 않았다면 소나르를 보러 올 생각도 못했겠지! 그런데 인연이라는 게, 운명이라는 게 정말 있을까? 그리고 나의 선택에 의해, 10분이라는 시간에 의해 바뀔 수도 있는 것일까? 하루 종일 뜨거운 페스티벌 현장에 있다가 아름다운 야경이 쏟아지는 언덕배기에 앉아 있자니 몸 안에 무언가가 녹아내리듯 자꾸 이런저런 생각이 든다. 만약 내가 일상을 떠나오지 않았다면, 아주 오래전 네가 떠나가지 않았다면, 너무 똑바로 정해진 대로 살지 않았다면 나는 지금 어떤 모습일까?

에구! 과거에는 '만약'을 끼워 넣지 않기로 했는데 또 이 모양이다. 어디선가 다시 노곤한 바람이 불어온다. 사르르 잠이 오네. 어떤 선택과 인연, 운명의 결과인지는 모르지만 어쨌든 2013년 6월 나는 바르셀로나에 있다.

소나르 페스티벌: 일렉트로닉, 멀티미디어 예술 축제

홈페이지: http://sonar.es

개최 시기: 매해 6월 중순 3일간

개최지: 스페인 바르셀로나(관광지에서 대중교통으로 이동 가능)

특징: 1일권 구입 가능, 캠핑이 필요 없는 도심형 페스티벌
Sonar by Day(정오~오후 10시)와 Sonar By Night(오후 9시~아침)로 나뉘어 구성

Firenze

책 속을
거닐다

● **피렌체** ●

유럽 여행을 할 때 굳이 순서를 따지자면 '이탈리아-프랑스-영국'
이 좋다고 한다. 갤러리 전문 가이드에게 들은 말인데 역사와 예술사
적 흐름을 좇자면 매우 합당한 논리다. 문득 나의 유럽 여행사를 떠올려
보니 역사와 예술에 뛰어난 식견이 없음에도 불구하고 딱 '이탈리아-
프랑스-영국' 순으로 떠나왔지 뭔가. 단순히 음악축제를 따라왔는데
말이다.

특히 이탈리아는 첫 경험이라서 그런지 유독 기억에 남는다. 유럽의

수많은 나라 가운데 이탈리아를 첫 여행지로 꼽은 이유는 어쩌면 전혀 반대되는 성향에 끌리는 연애 심리와도 비슷할 것이다. 차선이 없는 도로, 잦은 기차 연착, 느려터진 관공서, 소매치기와 각종 속임수……. 정해진 길로 정해진 시각에만 가는 나에게 이탈리아는 무질서와 혼돈의 나라, 그래서 도저히 이해할 수 없을 것 같은 나라였다. 그런 나라에서 찬란한 문화가, 천재적인 예술가들이 쏟아져 나왔다는 게 아이러니했다 (오히려 당연한 일인가?). 그래서 내게 이탈리아는 이해할 수 없지만 자꾸만 끌리는 남아처럼 두터운 두려움을 비집고 발길이 가는 곳이었다.

냉정과 열정 사이

무언가에 반한다는 것은 어떤 의미일까? 그냥 좋은 것, 속속들이 바라볼 생각도 없이 아주 마음에 드는 것으로 간주해버리는 것. 사람이 누군가를 사랑한다는 것은 정신분석학적으로 보면 과거의 사랑이 덧입혀지는 전이 현상이라고 한다. 상대를 백지 상태에서 보는 것이 아니라 내 마음 안에 저장된 경험에 근거해 좋은 모습을 발견하면 미루어 짐작하고 쉽게 빠져드는 것이다.

그런 차원에서 피렌체는 내게 이유 없이 좋은 곳이었는지도 모른다. 나를 누군가와 동일시하고 있었고, 그들의 기다림이 꽃을 피운 이곳이 나는 마냥 좋았다.

우리나라에서도 꽤 인기를 끌었던 일본 영화 〈냉정과 열정 사이〉는 츠지 히토나리와 에쿠니 가오리가 함께 쓴 동명의 소설이 원작이다. 영화 개봉과 함께 책도 인기를 얻어 2003년에 베스트셀러 상위권을 기록했는데, 사실 소설은 그보다 앞서 2000년 말에 국내에 발간됐다. 이듬해 이른 봄이었을까? 서점 가는 걸 좋아했던 나는 신간 소개 코너에서 이 두 권의 책을 보고 바로 집어들었던 기억이 있다. 남성 작가가 남자 주인공의 입장에서, 여성 작가가 여자 주인공의 입장에서 서로 떨어져 있는 시간과 공간을 써내려간다는 것이 멋졌다. 책을 몇 번이나 읽었을까? 내게는 구원과도 같은 책이었다.

처음 이탈리아에 갔을 때 나는 피렌체에 앞서 베네치아에 갔고, 피렌체를 거쳐 다시 로마로 갔다. 그 뒤로 누군가 이탈리아의 어느 도시가 가장 좋았느냐고 물어보면 주저하지 않고 피렌체라고 말한다. 베네치아와 로마를 제치고 피렌체가 좋은 이유는 일종의 맹목적인 사랑일 것이다. 모두가 변한다고, 변해야 한다고 나를 뒤흔들 때 변하지 않고 그대로 있는, 그래서 절대적인 이해를 받고 있다고 생각했던 곳이 바로 피렌체였다.

피렌체에 갔던 게 언제였더라? 그로부터 수년이 지나서 밀라노에 왔다. 수도 로마를 제치고 수많은 국적기들이 취항하는 곳, 세계 패션을 주도하는 곳, 과거를 품고 있지만 동시에 미래로 뻗어나가려는 곳, 그리고 〈냉정과 열정 사이〉의 여주인공 아오이가 머물렀던 곳. 한국 여행객들이 밀라노에 오면 환골탈태해서 돌아간다는 우스갯소리가 있다. 특히 세일 기간이면 버려도 좋을 것들을 걸치고 와서 각종 명품으로 바꿔 입고 귀국한다는 것이다.

하지만 내가 밀라노에 꼭 오고 싶었던 이유는 스칼라 극장 Teatro alla Scala 때문이었다. 클래식 음악과 관련된 기사를 쓸 때면 오페라나 발레가 초연된 극장을 언급할 때가 많은데 둘째가라면 서러운 곳이 바로 스칼라 극장이다. 1778년 살리에리의 오페라 〈유럽의 발견 Europa Rico-nosciuta〉으로 문을 연 뒤, 베르디의 〈오텔로〉와 〈나부코〉, 푸치니의 〈나비부인〉과 〈투란도트〉 등이 초연된 역사적인 장소다. 2차 세계대전 때 심각한 피해를 입었지만 토스카니니가 지휘한 연주회와 함께 다시 문을 열었고, 이후 마리아 칼라스, 엔리코 카루소, 루치아노 파바로티 등 유명 성악가들이 무대에 섰다. 그 명성에 걸맞게 스칼라 극장에서는 지금도 신기할 정도로 수많은 오페라와 연주회, 발레 무대가 연중 이어진다.

하지만 오늘은 그냥 내부만 둘러보고 있다. 나는 몇 번 밀라노에 올 기회가 있었지만, 이곳에서 공연을 볼 수 있었지만, 그렇게 하지 않았다. 아오이처럼 게으름을 피우그 싶었던 걸까? 도쿄에서 밀라노로 돌아온

수많은 명작의 초연이 이루어진 밀라노 스칼라 극장

아오이의 삶은 조용하고 단조롭다. 목욕과 독서, 파트타임 아르바이트, 그리고 한껏 절제된 사랑. 아무것도 하지 않는, 아무것도 이루지 않는, 그것이 쥰세이와 헤어지고 살아가는 아오이의 일상이었다. 왜 그랬을 까? 어쩌면 그녀는 그런 방식으로 자기 안에 들끓는 수많은 감정을 달

공연을 보러 떠나는 유럽

랬던 게 아닐까? 미래 따위 어떻게 되든 생각할 여유도 없었을 것이다.
하루하루 무너지지 않기 위해서 그녀는 그렇게 버티고 있었을 테니까.

　스칼라 극장에서 조금 걸어오면 이탈리아 고딕 건축을 대표하는 대성
당이 있다. 135개의 첨탑과 2245개의 조각상이 장식된 두오모는 밀라노
거리에 즐비한 브랜드숍의 명품들처럼 이루 말할 수 없이 화려하다. 두
오모를 올려보느라 한껏 고개를 쳐든 관광객들, 성당에 들고나는 수많
은 사람들로 광장은 발 딛을
틈도 없다. 계단이나 엘리베
이터를 통해 옥상에 올라가
면 밀라노 거리를 내려다볼
수 있다는데, 나는 이것에도
관심이 없다. 아오이가 올라
가고 싶었던 건 밀라노가 아
니라 피렌체의 두오모니까.
　"밀라노는 세계에서 가장
아름다운 두오모, 피렌체는
세계에서 가장 멋진 두오모.
땀 흘리며 몇 백 개 계단을
필사적으로 오르면 거기에
기다리고 있을 피렌체의 아
름다운 중세 거리 풍경에는

밀라노 아케이드

화려함의 극치, 밀라노 두오모

연인들의 마음을 하나로 묶어주는 미덕
이 있다(《냉정과 열정 사이》 레드' 중에
서)"고. 그래서 아오이는 쥰세이에게
서른 살 생일에 피렌체의 두오모 쿠폴
라에서 기다려달라고 말한다.

　이런, 이건 완벽한 퇴행이다. 그 무
위에서 빠져나오려 얼마나 애를 썼
는데, 많이 나아졌다고 생각했는데,
아오이가 자기만의 방식으로 쥰세
이를 기다렸던 밀라노에서 나는 속수무책으로
뒷걸음질치고 있다. 미래보다는 과거가 소중한, 과거를 지키기 위해 현
재를 살아가는 피렌체, 그 피렌치에서 위안을 얻었던 나에게로 말이다.

피렌체에서 쥰세이 따라 걷기

　이탈리아에서도 가장 아름답다고 하는 토스카나의 주도인 피렌체는
로마, 베네치아, 밀라노, 나폴리 등과 함께 관광객들이 많이 찾는 도시다.
'꽃의 도시'라는 이름답게 피렌체는 14세기 르네상스의 태동지로, 이후
16세기까지 예술가들이 활동하며 도시 곳곳에 위대한 발자취를 남겼다.
마키아벨리, 단테, 보카치오, 브루넬레스키, 보티첼리, 레오나르도 다 빈
치, 미켈란젤로 등이 미술과 건축, 문학 등의 분야에서 마치 하늘의 문이

라도 열린 듯 짧은 시간, 이 작은 도시에서 태어나 화려한 작품을 쏟아냈
다. 도시 전체가 커다란 박물관인 셈이다.

　준세이는 이곳에서 훼손된 명화에 새 생명을 불어넣는 복원사로 일하
고 있다. 지하 창고에 방치된 문화재가 넘쳐나고 아직도 땅을 파면 유물

이 쏟아지는, 과거를 꼭 붙들고 살아가야 하는 이탈리아에서는 무척 중요
한 직업이다. 특히 그 어느 곳보다 찬란한 예술품이 많은 피렌체는 16세
기의 모습을 고스란히 간직하면서 과거 이외의 것은 완강하게 거부하는
곳이다. 과거의 영광이 영원한, 변해서는 안 되는, 시간이 정지된 곳.

"과거밖에 없는 인생도 있다. 잊을 수 없는 시간만을 소중히 간직한 채 살아가는 것이 서글픈 일이라고만은 생각지 않는다. 다시는 돌아갈 수 없는 과거를 뒤쫓는 인생이라고 쓸데없는 인생은 아니다. 다들 미래만을 소리 높여 외치지만, 나는 과거를 그냥 물처럼 흘려보낼 수 없다(《냉정과 열정 사이》'블루' 중에서)."

아오이와의 사랑을 잊지 못하고 망령 같은 과거를 끌어안고 사는 준세이가 피렌체에서 복원사로 일한다는 것은 어쩌면 너무 가혹한 설정 같다.

피렌체의 첫인상은 눈부심이었다. 비 내리는 베네치아에 머물다 왔기 때문일까? 피렌체의 햇살은 눈부셨고 주위는 온통 크림색과 오렌지 빛으로 가득했다. 고개를 돌려 눈에 들어오는 것을 가이드북에서 찾아보면 죄다 엄청난 것들이다. 학창 시절 세계사와 미술시간에 배웠던 수많은 천재 예술가들의 작품이 그야말로 '널려' 있다. 덕분에 어딜 가나 세계에서 모여든 관광객으로 북새통이다. 길게 늘어선 줄을 따라 아카데미아 미술관에서 미켈란젤로의 〈다비드〉를 보고, 우피치 미술관에서 보티첼리의 〈비너스의 탄생〉과 라파엘로의 〈자화상〉을 봐도 무덤덤하기까지 하다. 근사한 뷔페에서 이것저것 먹다 보면 기억에 남는 맛이 하나도 없는 것처럼 말이다.

피렌체는 음악의 도시이기도 하다. 흔히 이탈리아가 오페라의 본고장이라고 하는데, 바로 이곳 피렌체에서 지금의 오페라가 탄생했다. 1597년 피렌체의 지식인들은 기존의 종교극에서 벗어나 고대 그리스극을 되살

리기 위해 음악극 〈다프네〉를 만들었다. 오페라의 효시인 셈이다. 3년 뒤 야코포 페리가 메디치가의 결혼을 축하하는 〈에우리디치〉를 제작했는데, 이 작품이 현존하는 가장 오래된 오페라다.

오페라는 베네치아에 보급되면서 번창해 1637년에는 최초의 오페라 극장이 문을 열었다. 이후 이탈리아 전역은 물론 프랑스, 영국 등 유럽 각지로 뻗어나갔다. 하지만 정작 오페라의 탄생지인 피렌체에서는 큰 인기를 얻지 못했다.

1933년 피렌체는 5월 음악제를 열어 피렌체가 음악의 도시임을 세상에 알렸다. 6월까지 이어지는 이 축제는 코무날레 극장, 시뇨리아 광장, 미켈란젤로 광장, 보볼리 공원, 베키오 궁전 등의 노천무대에서 도시의 싱그러움과 함께 관광객들을 유혹한다. 주빈 메타 같은 유명한 지휘자가 시뇨리아 광장에서 오케스트라를 지휘하는 모습을 보노라면 그곳에 있는 〈다비드〉 복제품처럼 현실감각이 떨어지지만, 어차피 피렌체의 모든 것은 현실과는 거리가 멀지 않던가.

피렌체에서 절대 지나칠 수 없는 곳이 있는 데 바로 우피치 미술관이다. 베키오 궁전과 아르노 강 사이에 있는 우피치 미술관은 르네상스 시대에 예술가들을 후원했던 메디치 가문

피렌체 베키오 궁전

의 사무소였다 <u>우피치는 사무소의 옛말이라고 한다</u>. 이후 메디치가에서 소장하고 있는 미술품을 전시하는 공간으로 이용되면서 지금에 이르렀는데, 보티첼리, 라파엘로, 레오나르도 다 빈치, 미켈란젤로 등의 작품들을 소장하고 있어 세계 굴지의 미술관으로 손꼽힌다. 휴가철이면 어찌나 많은 관광객들이 몰려드는지, 티켓을 사는 데만 한 시간 넘게 줄을 섰던 기억이 있다.

우피치 미술관에서 조금 걸어 나가면 피렌체에서 보기 드문 한적한 풍경이 보인다. 아르노 강과 그 위를 가로지르는 베키오 다리. 세 개의 아치가 유난히 아름다운 베키오 다리는 단테가 베아트리체에게 첫눈에 반한 장소로도 유명하다. 각자 다른 사람과 결혼했지만, 스물다섯 살이라는 젊은 나이에 숨을 거둔 베아트리체를 평생 마음에 담고 살아간 단테. 두 사람의 사랑이 시작된 이 다리에서 연인들은 영원한 사랑을 맹세한다. 그런데 함께 할 수 없는 사랑을 정녕 아름답다 할 수 있을까?

해 질 무렵 베키오 다리에서 바라보는 아르노 강은 우아하기 그지없다. 지금 이 아름다운 풍광에 취해 영원한 사랑을 맹세하는 저 연인들은 모를 것이다. 사랑의 또 다른 이름이 고통이라는 것을. 안다면 맹세 따위는 감히 못하겠지. 아니, 사랑을 조금은 물러서서 할 것이다. 아오이의 표현을 빌리자면 '야만적인, 자신의 전 존재로 서로에게 부딪치는, 과거도 미래도 미련 없이 내던지는 사랑'이 아니라, 그런 사랑 뒤에 아오이와 쥰세이가 다른 사람에게 했던 것처럼 한결 정갈한 만남 말이다.

아르노 강 양쪽 기슭에는 옛 도시의 정취가 고스란히 남아 있는데, 유유히 흐르는 아르노 강을 따라 걷다 보면 켜켜이 쌓인 시간 속으로 빨려

시간이 멈춘 피렌체

아르노 강, 베키오 다리, 두오모가 보이는 거리

두오모 쿠폴라와 영원의 도시 피렌체

드는 기분이다. 나는, 아니 내 사랑은 시간의 어디쯤을 유영하고 있는 걸까? 그 영원이라는 것에 닿을 수는 있는 걸까?

　공연을 테마로 유럽을 떠돌았지만, 피렌체에서만큼은 나의 우선순위가 바뀌었다. 그래, 지금도 내 기억에 또렷한 건 두오모 쿠폴라에 불어왔던 간지러운 바람과 그곳에서 바라봤던 오렌지 빛 영원의 도시 피렌체다. 쥰세이는 피렌체에 살았지만 쿠폴라를 바라단 볼 뿐, 아오이의 서른 번째 생일이 돼서야 처음으로 올라간다. 그 마음을 이해할 것 같다. 그에게는 여행자와는 다른 의미의 쿠폴라였으니까.
　쥰세이가 둥근 지붕을 중세 귀부인의 부풀린 스커트 같다고 했던가?
　르네상스 건축 양식의 창시자로 불리는 브루넬레스키가 만든 두오모 산타마리아 델 피오레 대성당은 1296년부터 지어지기 시작해 140년이라는 세월이 지나고서야 완성되었다. 장미색, 흰색, 녹색의 삼색 대리석이 외벽을 휘감고 있고, 그 위에 높이 106미터의 오렌지 빛 커다란 둥근 지붕이 씌워져 있다.
　수백 개의 계단을 올라가면 쿠폴라 꼭대기에 갈 수 있는데, 화려하고 아름다운 피렌체와 달리 계단은 비좁고 어둡다. 삭막한 계단을 한참 오르다 보면 작은 창문으로 따사로운 햇살과 피렌체의 아름다운 모습이 들어오는데 마치 고행에 나선

두오모 쿠폴라의 천장화

수도사의 외길처럼 외로움이 엄습해온다. 덩치 큰 서양인이라도 만나면 벽에 포개듯이 비켜서야 겨우 길을 내줄 수 있다.

나는 왜 이 돌계단을 오르고 있는 걸까? 서른 살 생일에 어디에서 만나자는 약속 따위도 하지 않았으면서. 하지만 나는 이 순간 쥰세이고 아오이다. 너무 어렸던 것에 대한, 너무 서툴렀던 것에 대한, 온몸으로 기대버린 것에 대한 후회. 그리고 어쩌면 그 시절 각자 무겁게 짊어지고 있었을 무언가에 대한 애달픔을 등에 지고 과거의 우리와 마주하고 싶었던 게 아닐까.

공연을 보러 떠나는 유럽

땀이 비 오듯 쏟아지고 허벅다리와 종아리가 돌계단처럼 딱딱해질 무렵 한껏 좁아진 계단 너머로 푸르른 빛이 들어온다. 그리고 쏟아지는 눈부신 햇살, 드러난 목덜미를 파고드는 간지러운 미풍, 복숭아 맛 캐러멜처럼 달콤하게 펼쳐진 피렌체. 마치 구원이라도 받은 듯 출렁이는 무언가로 시야가 흐려진다. 도대체 몇 천 년을 지켜온 아름다움일까? 세상 어디에도 없는 '영원'이 이곳에서 그렇게 싱그럽게 숨을 쉬고 있다.

이제는 누구도 따라 걷지 않기

순백의 밀라노 중앙역은 무척 근사하다. 야간 조명이 들어오면 은은한 아름다움이 더욱 돋보인다. 하지만 가까이 가보면 이탈리아 국내는 물론 유럽의 수많은 국가로 연결되는 열차를 이용하는 사람들로 북적이고, 주변에는 걸인들이 많아 위험할 정도다. 모든 아름다운 것의 이면에는 그만큼의 아픔과 추악함이 있는 걸까?

밀라노는 과거를 비집고 곳곳에 현대적인 건물이 들어서고 지하철 시설도 잘 갖춰져 있다. 하지만 과거만 존재하는 피렌체는 그 과거를 지키기 위해 현재를 살아가는 사람들이 보이지 않는 고통을 참아내고 있다. 쥰세이는 피렌체에서 특급열차를 타고 이곳 밀라노 역에 아오이보다 먼저 도착한다. 그녀를 붙잡기 위해서. 나는 당장 특급열차를 타고 피렌체로, 아니 그 시간으로 되돌아가고 싶다.

하지만, 그러지 않을 것이다. 그리고 어쩌면 앞으로도 오랫동안 피렌체에는 가지 못할 것 같다. 그곳에는 오래전 두오모 쿠폴라에서 영원한 사랑을 꿈꾸던 내가 있지만, 결의에 찬 그녀를 다시 만날 자신이 없다. 에쿠니 가오리가 그랬던가. 어떤 사랑도, 한 사람의 몫은 2분의 1이라고. 시간이 이렇게나 지나고 보니, 나의 바람은 반쪽짜리에 불과하다는 것을, 그리고 나머지 반을 강요할 수 없다는 것을 알게 됐다. 어쩌면 지금 나에게 어울리는 곳은 과거만이 존재하는 피렌체가 아니라 과거와 현재가 공존하고, 미래를 바라보는 밀라노인 것 같다. 나는, 그래 살아가야 하니까. 나는 아오이보다는 조금 더 부지런히 그리고 활기차게 일상을 살아가야 하니까. 시간이 이렇게나 흘렀고, 나에게는 그들의 기적이 일어나지 않았으니까.

그래도 누군가 이탈리아의 어느 도시가 가장 좋았느냐고 묻는다면 두말없이 피렌체다! 오랜 뒤에 찾아가도 그곳의 아름다움은 변하지 않을 것이다. 그리고 그곳에는 이렇게밖에 살아갈 수 없는 나를 이해하는, 변하지 않는 내가 있을 테니까.

내일은 스칼라 극장에서 〈나비부인〉이나 봐야겠다.

오페라 〈나비부인 Madame Butterfly〉

작곡: 자코모 푸치니

배경: 1850년대 일본 개항기 나가사키에서 실제 있었던 이야기로 알려짐.

초연: 1904년 밀라노 스칼라 극장

주요 아리아: '사랑의 이중창', '어느 갠 날'

시놉시스: 당시에도 '원 소스 멀티 유즈One Source Multi Use'는 존재했다. 1858년 존 루터 롱이라는 작가가 미국 잡지에 《나비부인》이라는 소설을 실었고, 이 소설은 다시 연극으로 만들어져 1900년 뉴욕 헤럴드 극장을 거쳐 런던까지 진출했다. 그리고 런던 공연을 본 푸치니가 다시 오페라로 만든 것이다.

집안의 몰락으로 게이샤가 된 초초상은 식구들의 반대를 무릅쓰고 미국 해군사관 핑커튼과 결혼한다. 행복도 잠시, 핑커튼은 곧 돌아온다는 말을 남기고 미국으로 떠난다. 3년이 지나도 소식이 없자 주위 사람들은 초초상에게 재혼할 것을 권하지만, 그녀는 홀로 아들을 키우며 핑커튼을 기다린다. 그러던 어느 날 핑커튼이 탄 배가 입항한다. 초초상은 아들과 함께 핑커튼을 기다리는데 그는 부인 케이트를 데리고 나타난다. 초초상은 아들을 케이트 부인에게 맡기고 스스로 목숨을 끊는다.

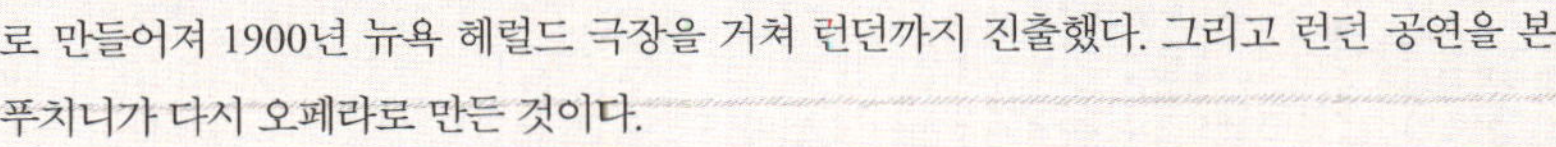

피렌체 5월 음악제 Maggio Musicale Fiorentino Festival : 클래식 축제(오페라, 연주회, 발레)

홈페이지: http://www.maggiofiorentino.it/en/

개최 시기: 매해 5월 초부터 두 달간

개최지: 이탈리아 피렌체

찾아가는 법: 피렌체 국제공항보다는 인근의 피사 국제공항으로 운항하는 항공편이 많다. 로마나 밀라노에서는 기차로 2~3시간 걸린다.

특징: 야외공연이 많고 일부는 무료(유명 지휘자와 오케스트라의 공연 포함)

피렌체 갤러리 예매 사이트: http://www.polomuseale.firenze.it/

밀라노 스칼라 극장 홈페이지: http://www.teatroallascala.org/en/

노르웨이
스웨덴
덴마크
영국
런던
벨기에
독일
프라하
체
오스트리아
프랑스
스위스
피렌체
이탈리아
포르투갈
바르셀로나
스페인